Konrad Christ

Kalibrierung von Magnet-Injektoren für Benzin-Direkteinspritzsysteme mittels Körperschall

Forschungsberichte aus der Industriellen Informationstechnik
Band 2

Institut für Industrielle Informationstechnik
Karlsruher Institut für Technologie

Hrsg. Prof. Dr.-Ing. Fernando Puente León
     Prof. Dr.-Ing. habil. Klaus Dostert

Kalibrierung von Magnet-Injektoren für Benzin-Direkteinspritzsysteme mittels Körperschall

von
Konrad Christ

Dissertation, Karlsruher Institut für Technologie
Fakultät für Elektrotechnik und Informationstechnik, 2011

Impressum

Karlsruher Institut für Technologie (KIT)
KIT Scientific Publishing
Straße am Forum 2
D-76131 Karlsruhe
www.ksp.kit.edu

KIT – Universität des Landes Baden-Württemberg und nationales
Forschungszentrum in der Helmholtz-Gemeinschaft

Diese Veröffentlichung ist im Internet unter folgender Creative Commons-Lizenz
publiziert: http://creativecommons.org/licenses/by-nc-nd/3.0/de/

KIT Scientific Publishing 2011
Print on Demand

ISSN 2190-6629
ISBN 978-3-86644-718-9

Kalibrierung von Magnet-Injektoren für Benzin-Direkteinspritzsysteme mittels Körperschall

Zur Erlangung des akademischen Grades eines

DOKTOR-INGENIEURS

von der Fakultät für

Elektrotechnik und Informationstechnik

des Karlsruher Instituts für Technologie (KIT)

genehmigte

DISSERTATION

von

Dipl.-Ing. Konrad Christ

geb. in Reutlingen

Tag der mündl. Prüfung: 30. Juni 2011
Hauptreferent: Prof. Dr.-Ing. U. Kiencke, KIT
Korreferent: Prof. Dr. L. Guzzella, ETH Zürich

Vorwort

Die vorliegende Arbeit entstand während meiner Tätigkeit als wissenschaftlicher Mitarbeiter am Institut für Industrielle Informationstechnik (IIIT) der Fakultät für Elektrotechnik und Informationstechnik des Karlsruher Instituts für Technologie (KIT).

An erster Stelle möchte ich Herrn Prof. Dr.-Ing. Uwe Kiencke danken, der trotz seines Ruhestands diese Arbeit betreute und das Hauptreferat übernahm. Ebenso danke ich Herrn Prof. Dr.-Ing. Lino Guzzella von der ETH Zürich für die Übernahme des Korreferats und die sorgfältige und schnelle Durchsicht der Arbeit.

Den Mitarbeitern des IIIT, meinen Diplomanden und Studienarbeitern, die zum Gelingen dieser Arbeit beigetragen haben, danke ich ebenfalls herzlich.

Meinen Eltern und vorallem meinem Bruder gilt ganz besonderer Dank.

Karlsruhe, im August 2011   Konrad Christ

Meinem Großvater
Prof. Dr. rer. nat. habil. Walter Christ

Inhaltsverzeichnis

1 Einleitung

Strenge Abgasnormen und hohe Ansprüche an den Kraftstoffverbrauch dominieren heutzutage die Entwicklung von Diesel- und Ottomotoren. Die Anforderungen an Effizienz und Rohemissionen verlangen eine Optimierung des Verbrennungsprozesses, wozu eine möglichst optimale Gemischbildung aus Luft und Kraftstoff notwendig ist. In diesem Zusammenhang ist vor allem das Kraftstoff-Einspritzsystem entscheidend. Hierbei haben sich Direkteinspritzsysteme im Bereich der Diesel- und auch der Ottomotoren durchgesetzt und bewährt. Im Vergleich zur herkömmlichen Saugrohreinspritzung konnten durch den Einsatz der Benzin-Direkteinspritzung (BDE) die Rohemissionen gesenkt und die Leistungsdaten des Ottomotors verbessert werden [43].

1.1 Problemstellung

Aufgrund der genannten Erwartungen an Effizienz und Rohemissionen werden bei der Motorentwicklung neue Strategien verfolgt, die eine immer höhere Verbrennungsqualität erfordern. Dabei ist insbesondere das Downsizing-Konzept und die Anhebung der Kraftstoffdrücke zu nennen, welche die Belastung der Komponenten des Einspritzsystems entsprechend steigert. Daraus resultieren Verschleißerscheinungen, die die Zumessgenauigkeit der Kraftstoffeinspritzung über die gesamte Lebensdauer des Verbrennungsaggregats mindern. Darüber hinaus unterliegt das Einspritzsystem fertigungsbedingten Ungenauigkeiten, die ebenfalls die Zumessgenauigkeit beeinträchtigen. Da eine präzise Dosierung der Kraftstoffmenge und ein möglichst identisches Arbeitsverhalten der im Motor verbauten Injektoren in allen Arbeitspunkten jedoch zwingend erforderlich ist, müssen Mengenschwankungen entsprechend ausgeglichen werden.

Abbildung 1.1 gibt einen schematischen Überblick, wie die Einspritzventile, auch Injektoren genannt, im Falle eines Benzin-Direkteinspritzsystems angesteuert werden. Die Injektorsteuerung, zumeist auf dem Motorsteuergerät integriert, fordert je nach Arbeitspunkt der Verbrennungsmaschine eine Soll-Einspritzmenge q_{soll} an und ermittelt daraus über ein Kennfeld die Ansteuerdauer T_i. Gemäß der Ansteuerdauer werden durch eine Injektorendstufe die Steuerströme $I(t, T_i)$ generiert, die auf die einzelnen Injektoren gegeben werden. Entsprechend öffnen und schließen die Injektoren ihre Düsen und sprit-

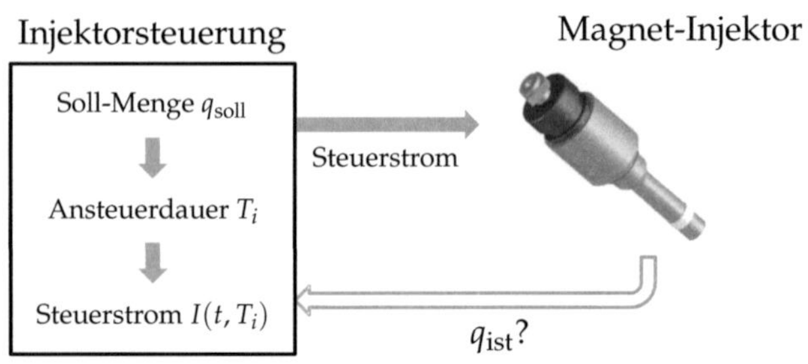

Abbildung 1.1   Soll- und Ist-Einspritzmenge

zen jeweils die Ist-Mengen q_{ist} direkt in die Zylinder. Diese Ansteuerung bildet aus Sicht der Regelungstheorie eine offene Wirkungskette, da das Motorsteuergerät keine Rückmeldung über die tatsächlich eingespritzten Kraftstoffmengen erhält. Um die Zumessgenauigkeit zu optimieren, muss ein Soll-/Ist-Abgleich der eingespritzten Kraftstoffmenge je Arbeitspunkt durchgeführt werden. Das entscheidende Problem hierbei stellt die präzise Ermittlung der Ist-Einspritzmenge dar. Moderne Ottomotoren mit BDE-Systemen verfügen über keine Sensorik, die diese Mengen mit ausreichender Genauigkeit direkt erfassen kann. Es muss daher auf bereits vorhandene Sensorik zurückgegriffen und die beim Einspritzvorgang auftretenden Abweichungen durch alternative charakteristische Größen quantifiziert werden.

1.2 Stand der Technik

Besonders im Bereich der Dieselmotoren wurden Korrekturfunktionen für das Einspritzsystem entwickelt, die zur Verbesserung des Lebensdauerverhaltens beitragen sollen [39]. Schon heute finden verschiedene Ansätze in Serienmotoren Anwendung. Zu nennen sind hier vor allem der Injektormengenabgleich, die Nullmengenkalibrierung und die Mengenmittelwertadaption.

Beim Injektormengenabgleich wird jeder Injektor nach dem Produktionsprozess in mehreren Arbeitspunkten vermessen, um eine repräsentative Aussage über das Arbeitsverhalten zu gewinnen. Die daraus ermittelten Korrekturwerte werden in verschlüsselter Form auf das Injektorgehäuse aufgedruckt und bei der Montage dem Steuergerät übergeben. Bei der Nullmengenkalibration erfolgt eine Auswertung des Drehzahlsignals, um Rückschlüsse auf die Drehmomentänderung zu erhalten, welche in eindeutiger Weise mit der eingespritzten Kraftstoffmenge zusammenhängt. Mit der Mengenmittelwertadaption ist die Bestimmung eines gemittelten Wertes der eingespritzten Kraftstoffmenge aller Zylinder durch Auswertung der Signale von Lambda-Sonde und Luftmassenmesser möglich. Weitere Ansätze zur Injektorkalibrierung, wie die Sitzkontaktmessung und die Körperschallmessung bei Großdieselmotoren, werden in [17] vorgestellt. Der Großteil dieser Methoden erfordert allerdings konstruktive Änderungen am Injektor oder am Verbrennungsaggregat, so auch im Falle der Integration eines Drucksensors im Injektor [34].

Im Hinblick auf die Benzin-Direkteinspritzung mit Magnet-Injektoren lassen sich nicht alle der bereits im Bereich der Dieselmotoren angewandten Methoden übertragen. Daher ist es von Interesse, nach Alternativen zu suchen, die ohne konstruktive Änderungen am Aggregat oder am Injektor zu realisieren sind. Aus diesem Grund verfolgt die vorliegende Arbeit einen Ansatz, der bereits in [17] für Großdieselmotoren vorgeschlagen wird: die Injektorkalibrierung mit Hilfe des Körperschalls.

1.3 Ziel der Arbeit

In dieser Forschungsarbeit werden ausschließlich Magnetspulen-Injektoren [1] betrachtet, wie sie in modernen Benzin-Direkteinspritzmotoren aus dem Kraftfahrzeugbereich zum Einsatz kommen. Obwohl Piezo-Injektoren eine höhere Zumessgenauigkeit aufweisen, setzen Automobilhersteller aufgrund der einfacheren Ansteuerung und der deutlich kostengünstigeren Produktion nahezu ausschließlich auf Magnet-Injektoren. Die durch Bauteiltoleranzen und Verschleiß verursachten Mengenschwankungen von Injektor zu Injektor sind für zukünftige Anwendungen nicht hinnehmbar. Die vorliegende Arbeit soll daher einen Beitrag zur Verbesserung der Zumessgenauigkeit leisten. Die Motivation liegt in den Geräuschemissionen der Injektoren während der Kraftstoffeinspritzung. Da die Injektoren direkt auf dem

Zylinderkopf verbaut sind, kommt es zu Körperschallemissionen auf dem gesamten Aggregat. Während der dabei entstehende Luftschall als störend empfunden und durch verschiedene Maßnahmen möglichst gut unterdrückt wird, kann der korrespondierende Körperschall zur Überwachung des Einspritzvorgangs genutzt werden.

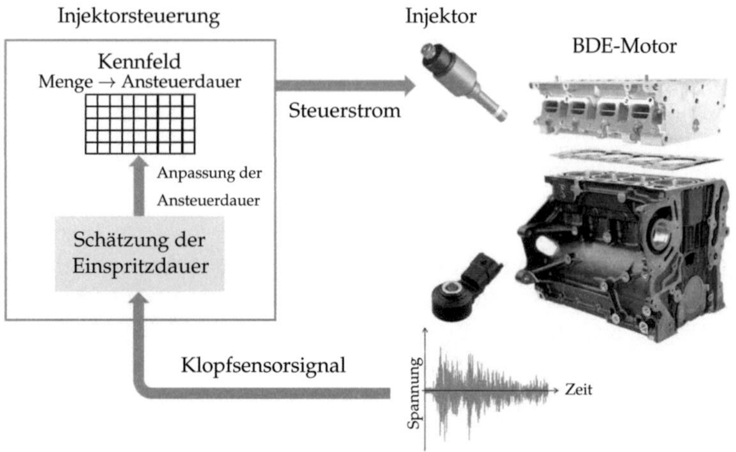

Abbildung 1.2   Schätzung der Öffnungsdauer

Abbildung 1.2 veranschaulicht die zugrundeliegende Idee: Beim Vorgang der Kraftstoffeinspritzung wird das Injektorgehäuse beim Einspritzbeginn als auch beim Einspritzende in Schwingungen versetzt, die direkt auf den Zylinderkopf übertragen werden. Es kommt zu Körperschallausbreitungen auf Zylinderkopf und Zylinderkurbelgehäuse, die durch einen entsprechenden Sensor aufgenommen werden können. Aus diesem Sensorsignal soll die wahre Öffnungsdauer des Magnet-Injektors ermittelt werden. Anhand dieser Größe können daraufhin Abweichungen vom Soll-Wert erkannt und durch Anpassung der Injektoransteuerung ausgeglichen werden.

Das Ziel dieser Arbeit ist die Schätzung der tatsächlichen Öffnungsdauer des Magnet-Injektors. Im Rahmen der Arbeit soll untersucht werden, ob der emittierte Körperschall für diese Aufgabe genutzt werden kann und wie sich die Zeitpunkte des Einspritzbeginns und des Einspritzendes im Körperschallsignal bestimmen lassen. Da sich schon einer oder mehrere Klopfsensoren serienmäßig zur Überwachung des Verbrennungsprozesses auf dem Zylinderkurbelgehäuse befinden, soll analysiert werden, ob diese Körperschallaufnehmer für die Aufgabe der Öffnungsdauerschätzung verwendet werden können. Dies hätte den entscheidenden Vorteil, dass zur Realisierung des Konzepts keine zusätzlichen Komponenten und keine konstruktiven Änderungen an der Verbrennungsmaschine notwendig wären.

1.4 Gliederung

Die Arbeit gliedert sich analog zum Vorgehen bei der Bearbeitung der Aufgabenstellung. Die Grundlage der späteren Betrachtungen bildet das Verständnis des zugrundeliegenden Systems. Daher werden in Kapitel 2 der Aufbau des Magnet-Injektors und einige Grundlagen der Benzin-Direkteinspritzung besprochen. In Kapitel 3 folgt eine detaillierte Beschreibung des Einspritzvorgangs, wobei der Fokus auf den Bewegungen der Injektornadel und des Magnetankers liegen, welche die Schallemissionen maßgeblich verursachen. Diese werden daraufhin in Kapitel 4 anhand verschiedener Methoden analysiert, um eine Aussage darüber treffen zu können, ob es überhaupt möglich ist, aus den emittierten Körperschallwellen die Öffnungsdauer des Magnet-Injektors zu ermitteln. Das darauf folgende Kapitel 5 widmet sich dem Klopfsensorsignal im realen Motorbetrieb. Dabei ist von Interesse, wie deutlich die Körperschallemissionen der Magnet-Injektoren im Klopfsensorsignal zu erkennen sind und von welchen Geräuschquellen das Signal gestört wird. Auf Basis der gewonnenen Erkenntnisse erfolgt die Schätzung der Öffnungsdauer aus dem Körperschallsignal durch Detektion des Einspritzbeginns und des Einspritzendes. In Kapitel 6 werden dazu verschiedene Ansätze und Methoden vorgestellt, die dann in Kapitel 7 ausgewertet werden. In Kapitel 8 erfolgt eine Zusammenfassung der Arbeit, in der wesentliche Punkte nochmals hervorgehoben werden.

2 Benzin-Direkteinspritzung

Der effiziente Kraftstoffverbrauch und die Optimierung der Schadstoff-
emissionen stehen bei der Entwicklung moderner Verbrennungsmotoren im Mittelpunkt. Abstriche in der Motorleistung und im maxima-
len Drehmoment sollen dabei nicht hingenommen werden. Im Falle
des Ottomotors setzen die Hersteller daher seit Jahren zunehmend auf
den Einsatz von Direkteinspritzsystemen, wie sie sich bei Dieselaggre-
gaten schon längst durchgesetzt haben. Im Vergleich zur herkömmlichen Saugrohreinspritzung weisen aufgeladene Ottomotoren mit Benzin-
Direkteinspritzung (BDE) bei deutlich niedrigerem Verbrauch ein nahezu
gleiches Drehmomentverhalten wie Dieselmotoren auf [48]. Ein wesentlicher Vorteil gegenüber der Saugrohreinspritzung liegt im höheren Wir-
kungsgrad in der Teillast und im leerlaufnahen Bereich. Die Last wird
in diesen Betriebspunkten über die eingespritzte Kraftstoffmenge regu-
liert, während die Drosselklappe vollständig geöffnet ist [22]. Aufgrund
der Common-Rail-Technologie sind bei der BDE Mehrfacheinspritzun-
gen pro Verbrennungsvorgang möglich. Eine präzise Dosierung der eingespritzten Kraftstoffmenge ist daher entscheidend für eine effiziente
und saubere Verbrennung des Luft-Kraftstoffgemischs [43].
Die folgenden Abschnitte geben nur eine kurze Einführung in die Benzin-
Direkteinspritzung. Da sich diese Arbeit ausschließlich mit der Kraftstoffeinspritzung beschäftigt, stehen der Aufbau, die Ansteuerung und die
Funktionsweise der Injektoren im Vordergrund. Ausführlichere Darstellungen zur BDE finden sich in [6, 7, 8].

2.1 Übersicht

Direkteinspritzsysteme für Verbrennungsmotoren sprühen unter Hochdruck stehenden Kraftstoff direkt in den Brennraum, wo die Gemischbildung aus fein zerstäubtem Kraftstoff und zugeführter Frischluft erfolgt.
Die wesentlichen Komponenten eines Direkteinspritzsystems sind in Abbildung 2.1 zu sehen, in welcher der schematische Aufbau im Falle eines
Reihen-4-Zylinder BDE-Motors dargestellt ist. Über eine Niedrigdruck-
pumpe gelangt der Kraftstoff vom Tank in eine geregelte Hochdruck-

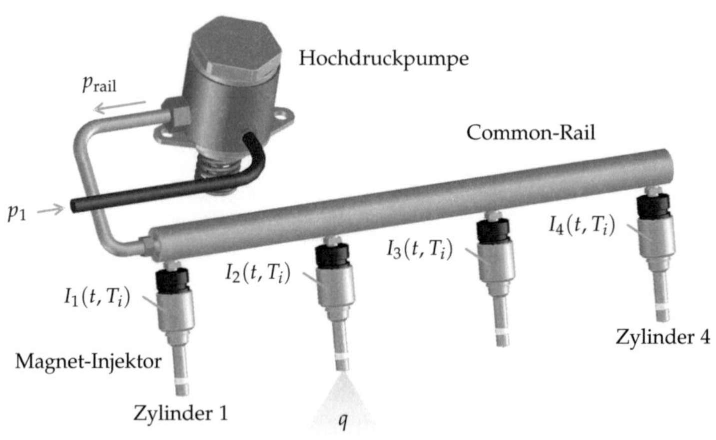

Abbildung 2.1 Schematischer Aufbau eines Benzin-Direkteinspitzsystems

pumpe. Dabei handelt es sich um eine Kolbenpumpe, die üblicherweise von der Nockenwelle angetrieben wird und einen möglichst konstanten Systemdruck p_{rail} in der Common-Rail aufbaut. Typische Kraftstoffdrücke bei der BDE liegen im Bereich von 4 bis 20 MPa. Die Common-Rail fungiert als Kraftstoffverteiler und Druckspeicher. Direkt mit der Common-Rail verbunden sind die Einspritzventile, auch Injektoren genannt. Diese sprühen den Kraftstoff zur Gemischbildung direkt in die Zylinder.

Die Stellgrößen des Einspritzsystems sind die Injektorsteuerströme $I_1(t, T_i), \ldots, I_4(t, T_i)$ und der Kraftstoffdruck p_{rail}, der über ein Drucksteuerventil und einen Drucksensor geregelt wird. Die Ansteuerung der Pumpe und der Injektoren erfolgt über das Motorsteuergerät. Die Kraftstoffmenge pro Zylinder stellt die Ausgangsgröße des Einspritzsystems dar. Wie bereits in der Einleitung erwähnt, spielt die exakte Dosierung der eingespritzten Kraftstoffmenge eine entscheidende Rolle in Bezug auf Kraftstoffverbrauch und Abgasemissionen. Da das BDE-System über keine Sensorik zur direkten Erfassung der tatsächlich eingespritzten Kraftstoffmenge verfügt, stellt die Ansteuerung der Injektoren aus Sicht der Regelungstheorie eine offene Wirkungskette dar. Eventuelle Abweichungen der Ist-Menge q_{ist} von der Soll-Menge q_{soll} lassen sich daher nicht exakt erfassen.

Neben der Kraftstoffeinspritzung wird zur Bildung des Luft-Kraftstoffgemisches im Brennraum eine entsprechende Menge an Frischluft benötigt. Diese wird über den Ansaugstutzen, die Drossel-klappe und die Lufteinlassventile bereitgestellt. Die Dosierung dieser Luftmenge ist ebenso entscheidend für eine saubere Verbrennung wie die Kraftstoffeinspritzung. Der Vorgang der Luftzufuhr sowie der Ausstoß des verbrannten Gemischs sind jedoch nicht Gegenstand der vorliegenden Arbeit. Details zu den Grundlagen finden sich in [6, 8]. Aktuelle Forschungsvorhaben, wie die voll-variable Ventilführung oder alternative Ansätze zum Ventilhub, werden in [15, 35] behandelt. Die Verbrennung, die nach der Kraftstoffinjektion ausgeführt wird, wird durch die Zündkerze eingeleitet. Der Prozess der Kraftstoffverbrennung sowie die Abgasnachbehandlung werden im Rahmen dieser Forschungs-arbeit nicht abgehandelt. Das Vorhaben konzentriert sich vollständig auf den Vorgang der Kraftstoffinjektion mit Hilfe von Magnetspulen-Injektoren. Der Aufbau, die Ansteuerung und das Arbeitsverhalten solcher Injektoren werden im nächsten Abschnitt behandelt.

2.2 Magnetspulen-Injektor

Das Verständnis des Aufbaus und der Abläufe im Magnet-Injektor während der Kraftstoffeinspritzung bildet die Grundlage für die später angestellten Untersuchungen. Betrachtet werden ausschließlich Magnetspulen-Injektoren [1], wie sie in modernen BDE-Motoren zum Einsatz kommen. Im Vergleich zu Piezo-Injektoren haben Magnetspulen-Injektoren den Vorteil einer einfacheren Ansteuerung und sind unge-fähr um den Faktor 2,5 kostengünstiger [14]. Allerdings erzielen Piezo-Injektoren im Allgemeinen eine höhere Genauigkeit in der Kraftstoffdo-sierung [43]. Wie die Präzision der Magnet-Injektoren durch ein Kali-brierungsverfahren erhöht werden kann, wird in Abschnitt 2.3 bespro-chen. Zunächst werden aber die in dieser Arbeit betrachteten Magnet-Injektoren vorgestellt.

2.2.1 Aufbau

In Abbildung 2.2 ist ein schematisches Schnittbild eines der betrachteten Magnetspulen-Injektoren dargestellt [52]. Der Injektor besteht im Wesent-lichen aus einer Injektornadel, welche von einer Feder auf die Injektordü-se gepresst wird. Die Aufgabe der Düse ist es, den Kraftstoff möglichst

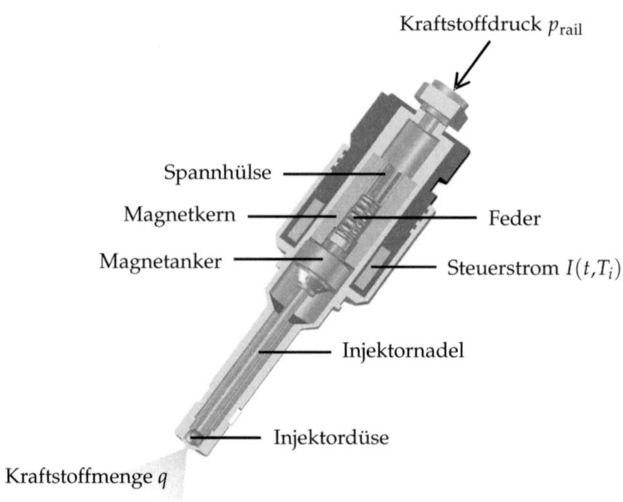

Abbildung 2.2   Aufbau eines der betrachteten Magnet-Injektoren [52]

fein im Brennraum zu zerstäuben. Dieser Sachverhalt ist Gegenstand zahlreicher anderer Forschungsarbeiten. Alle Injektoren, die im Rahmen der vorliegenden Arbeit untersucht werden, sind mit einer Mehrlochdüse ausgerüstet. Die Eigenschaften und die verschiedenen Ausführungsformen der Injektordüse werden in [7, 14] vorgestellt. Wird nun eine Spannung an die Magnetspule angelegt, bildet sich über den Eisenkern ein Magnetfeld aus, das den Anker samt Nadel nach oben zieht. Bei einigen der betrachteten Injektoren ist zur Reduzierung der Druckwellenempfindlichkeit der Anker nicht starr mit der Nadel verschweißt, sondern über eine kleine Feder gelagert. Überwiegt die Magnetkraft die entgegengesetzte Federkraft, hebt sich die Nadel und die Düse wird freigegeben. Der unter Hochdruck stehende Kraftstoff strömt durch die Düse in den Brennraum und wird dort zerstäubt. Die Kraftstoffeinspritzung dauert solange an, bis der Steuerstrom zurückgesetzt wird und sich das Magnetfeld abbaut. Die Feder drückt die Nadel auf die Düse und blockiert diese schließlich. Nach dem Schließen der Injektordüse kommt es zu Druckpulsierungen, die Kräfte am Magnetanker ausüben. Um damit verbundene unerwünschte Effekte ausschließen zu können, ist eine niedrige Druckwellenempfindlichkeit des Injektors wünschenswert.

2.2.2 Ansteuerung

Die Ansteuerung des Magnetspulen-Injektors erfolgt direkt über das Motorsteuergerät (ECU - electronic control unit). Je nach Betriebspunkt wird eine bestimmte Einspritzmenge q_{soll} bei einem Kraftstoffdruck p_{rail} angefordert. Aus dem dafür im Motorsteuergerät hinterlegten Kennfeld wird die entsprechende Ansteuerdauer T_i abgelesen. Die Ansteuerdauer wird in Form eines zweiwertigen Steuersignals $s(t, T_i)$ an die Injektorendstufe übergeben. Diese generiert einen injektorspezifischen Stromverlauf $I(t, T_i)$, wie in Abbildung 2.3 dargestellt. Der Injektorstrom durchläuft in

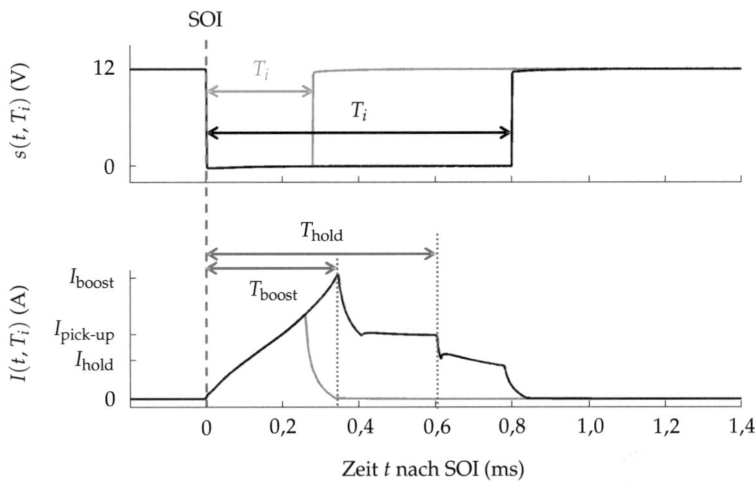

Abbildung 2.3 Steuersignal $s(t,T_i)$ (oben) und daraus generierter Injektorstrom $I(t, T_i)$ (unten)

Abhängigkeit der Ansteuerdauer ein festgelegtes Stromprofil. Das Stromprofil wird durch eine Injektorendstufe generiert und ist in einzelne Phasen unterteilt:

- **Booster Intervall**: Ein in der Injektorendstufe integrierter Booster-Kondensator liefert beim Ansteuerbeginn SOI kurzzeitig eine Spannung in der Größenordnung um $U = 65$ V. Die Entladung des Kondensators führt zu einem starken Stromanstieg bis zu einer definierten Stromstärke I_{boost}. Durch diesen Stromanstieg wird gewährleistet, dass sich das Magnetfeld zum Anheben der Injektornadel schnell aufbaut und es zu keinen unerwünschten Verzögerungen beim Einspritzbeginn kommt.

- **Pick-up Intervall**: Nach dem Booster-Intervall, für $t > T_{\text{boost}}$, wird die Injektorspannung auf 12 V reduziert, was der Spannung des Fahrzeugakkus entspricht. Der Injektorstrom fällt daher auf den Wert $I_{\text{pick-up}}$.

- **Holding Intervall**: Für $t > T_{\text{hold}}$ hat der Anker seine maximale Höhe erreicht und liegt am Magnetkern an. Um Energie zu sparen, wird der Injektorstrom auf I_{hold} gesenkt.

Aktiviert wird das Stromprofil $I(t,T_i)$ durch eine fallende Flanke im Steuersignal $s(t,T_i)$ zum Zeitpunkt des Ansteuerbeginns SOI (start of injection). Die Injektorspannung wird nach der Ansteuerdauer T_i zurückgesetzt. Die Variablen T_i und SOI legen somit den Zeitpunkt und die Dauer der Kraftstoffinjektion fest.

2.2.3 Injektorkennlinie

Der Injektor dosiert die Kraftstoffmenge q in Abhängigkeit der Ansteuerdauer T_i und des Kraftstoffdrucks

$$p = p_{\text{rail}} - p_{\text{br}}, \tag{2.1}$$

der sich aus dem Systemdruck p_{rail} in der Common-Rail und dem Brennraumdruck p_{br} zusammensetzt gemäß Abbildung 2.4. Das injektorindi-

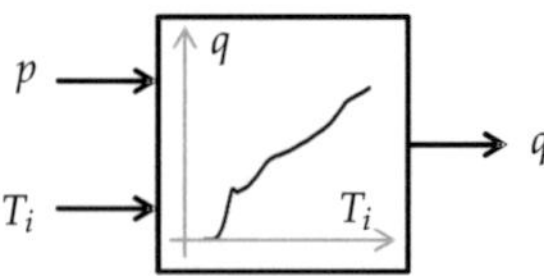

Abbildung 2.4 Zusammenhang zwischen Eingangs- und Ausgangsgrößen des Magnet-Injektors

viduelle Betriebsverhalten wird durch die Injektorkennlinie wiedergegeben. Außer von den Eingangsgrößen ist das Verhalten des Injektors auch von der Injektortemperatur Θ_{inj} und der Anpresskraft F_{n}, mit der das Ventil auf dem Zylinderkopf montiert ist, abhängig. Die Zustandsgrößen Θ_{inj} und F_n werden im Folgenden, wenn nicht explizit erwähnt, als konstant angenommen. Die Injektorkennlinie beschreibt die Abhängigkeit der Ist-Menge q_{ist} von der Ansteuerdauer T_i bei einem konstanten Kraftstoffdruck p. Die Kennlinien von drei Injektoren desselben Typs und gleicher Charge für die Kraftstoffdrücke $p = 4\,\text{MPa}$, $p = 12\,\text{MPa}$ und $p = 20\,\text{MPa}$ im Ansteuerbereich $T_i = 0\ldots2\,\text{ms}$ sind in Abbildung 2.5 dargestellt. Vor allem im Kleinmengenbereich $q < 5\,\text{mg}$ treten erhebliche Ab-

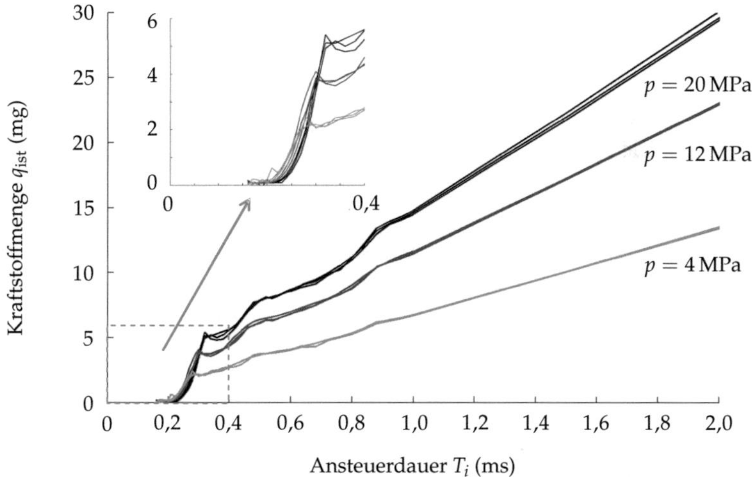

Abbildung 2.5 Gemessene Injektorkennlinien von jeweils drei baugleichen Injektoren für verschiedene Kraftstoffdrücke

weichungen im Betriebsverhalten verschiedener Injektoren auf. Die relativen Abweichungen in der eingespritzten Kraftstoffmenge von Injektor zu Injektor können dabei über 30 % betragen [43].

2.3 Injektorkalibrierung

Die Ursachen der Abweichungen in der Kraftstoffeinspritzung liegen in den produktionsbedingten Bauteiltoleranzen und der Montage des Magnetspulen-Injektors. Diese beträchtlichen Exemplar-Streuungen werden durch Verschleißerscheinungen aufgrund der starken Belastung während der gesamten Betriebsdauer noch weiter verstärkt. Um die Präzision der Kraftstoffdosierung zu erhöhen und ein stabiles Lebensdauerverhalten zu gewährleisten ist eine Kompensation dieser Ungenauigkeiten notwendig. Dieser Ausgleich kann im Allgemeinen durch eine arbeitspunktabhängige Anpassung der Ansteuerdauer erfolgen, was eine Quantifizierung der Abweichungen erfordert. Welche Möglichkeiten dabei bestehen und welchen Ansatz diese Arbeit verfolgt, wird im Folgenden vorgestellt.

2.3.1 Übersicht und Anforderungen

Zur Optimierung der Kraftstoffeinspritzung sind die absoluten Abweichungen von Soll-Menge zu Ist-Menge gemäß

$$|q_{\text{soll}} - q_{\text{ist}}| \quad \longrightarrow \quad \min, \tag{2.2}$$

in allen Arbeitspunkten (T_i, p) des gesamten Betriebsbereichs des Injektors zu minimieren. Dazu ist eine Kalibrierungsroutine für jeden einzelnen auf dem Motor verbauten Injektor erforderlich. Vorzugsweise sollte ein solches Verfahren auf dem Motorsteuergerät implementierbar sein, um während des Motorlaufs die Injektoransteuerungen zu adaptieren und Bauteildriften entgegenzuwirken. In diesem Fall spricht man von einer In-Situ-Kalibrierung.

Abbildung 2.6 gibt einen schematischen Überblick über den Aufbau einer Injektorsteuerung und wie prinzipiell eine In-Situ-Injektorkalibrierung realisiert sein könnte. Die Injektorsteuerung ist entweder auf dem Motorsteuergerät integriert oder steht als externe Endstufe zur Verfügung. Je nach Arbeits- bzw. Betriebspunkt des Motors wird eine Kraftstoffmenge q_{soll} angefordert und aus dem Injektor-Kennfeld (q, T_i) die entsprechende Ansteuerdauer T_i ermittelt. Die Injektorendstufe (ES) generiert daraufhin zum Zeitpunkt der gewünschten Einspritzung den Steuerstrom $I(t, T_i)$, der den Hubmagneten des Injektors ansteuert.

Für eine optimale Kalibrierung nach Gl. (2.2) wäre die injektorindividuelle Kennlinie (q_{ist}, T_i) aus Abbildung 2.5 erforderlich. Eine Sensorik, um die eingespritzte Kraftstoffmenge $q_{\text{ist}}(T_i, p)$ über den gesamten Betriebsbereich direkt und mit ausreichender Präzision zu bestimmen, ist in modernen BDE-Serienmotoren jedoch nicht verfügbar. Aus diesem Grund muss auf die bereits vorhandene Motorsensorik zurückgegriffen werden, da zusätzliche Komponenten und konstruktive Änderungen am Verbrennungsaggregat vermieden werden sollen. Die Injektorkalibrierung

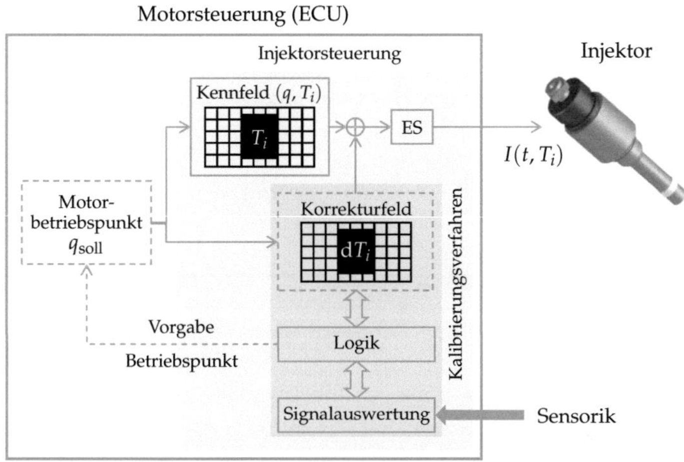

Abbildung 2.6 Mögliche Umsetzung einer In-Situ-Injektorkalibrierung

ist daher auf Grundlage einer sensoriell erfassbaren physikalischen Größe durchzuführen, anhand derer die Abweichungen in ausreichendem
Maße quantifiziert werden können. Die Anpassung der Injektorsteuerung wird „offline" durchgeführt, d. h. für einen vorgegebenen Arbeitspunkt (T_i, p) erfolgt die Schätzung der charakteristischen Größe aus mehreren Einspritzungen. Dies entspricht einer Kalibrierung der Injektoren.
Ein „Online"-Verfahren, das aktiv in den Einspritzvorgang eingreift, d. h.
direkt den Steuerstrom beeinflusst, ist dagegen nicht erforderlich. Der
höchst zeitkritische Vorgang der Kraftstoffeinspritzung würde außerdem
eine Reaktionszeit eines Regelalgorithmus im Bereich weniger μs benöti-
gen, in der das Sensorsignal verarbeitet und die Injektorsteuerung angepasst werden müsste.

Das Sensorsignal wird bei der Kalibrierung ausgelesen, um daraus die
charakteristische Größe zu ermitteln, siehe Abbildung 2.6. Eine Logik
überwacht und steuert die Injektorkalibrierung und gibt die Betrieb-
spunkte des Motors vor, in denen die Kalibrierung durchgeführt werden
soll. Auf Basis der errechneten Kenngrößen erstellt die Logik ein Korrek-
turkennfeld (q, dT_i) für die Ansteuerdauer T_i. In welchen Zeitintervallen
solch eine Kalibrierungsroutine durchlaufen werden muss, hängt vom
Motortyp und den Anforderungen ab. Denkbar ist z. B. die Integration

in den Diagnoseablauf beim Betätigen der Zündung des Kraftfahrzeugs. Entscheidend ist daher die Implementierbarkeit des Kalibrierungsalgorithmus auf dem Motorsteuergerät. Komplexe mathematische Operationen bei der Bestimmung der charakteristischen Größe aus dem Sensorsignal sind daher zu vermeiden. Für eine schnelle Durchführung der Kalibrierung sollte die Anzahl der zur Ermittlung der Korrekturkennlinie benötigten Einspritzungen möglichst gering sein.

2.3.2 Kraftstoffdosierung

Die tatsächlich eingespritzte Kraftstoffmenge q_{ist} kann als Funktion f(.) der tatsächlichen Öffnungsdauer $T_{\mathrm{o,ist}}$, der Düsenquerschnittsfläche A und dem Kraftstoffdruck p interpretiert werden:

$$q_{\mathrm{ist}} = \mathrm{f}\left(T_{\mathrm{o,ist}}, A, p\right) . \tag{2.3}$$

Die Genauigkeit der Kraftstoffdosierung ist daher hauptsächlich von den drei Parametern T_{o}, A und p abhängig. Unsicherheiten in diesen Parametern führen zwangsläufig zu Ungenauigkeiten in q. So wirkt sich beispielsweise eine Abweichung des Nadelwegs um wenige μm bereits entscheidend auf die Einspritzdauer aus, da der vollständige Nadelhub in einer Größenordnung von nur $50 - 80\,\mu$m liegt. Neben den Streuungen in den geometrischen Abmessungen kommen Streuungen in der Federmechanik und im elektromagnetischen System hinzu. All diese Unsicherheitsfaktoren haben einen direkten Einfluss auf die Einspritzdauer, d.h. die Öffnungsdauer T_{o} der Injektordüse. Herstellungsbedingt unterliegt auch der Düsenquerschnitt gewissen Toleranzen. Die im Motorbetrieb auftretende Düsenverkokung verursacht weitere Abweichungen der Düsenquerschnittsfläche A. Aufgrund der schnellen Öffnungs- und Schließzeiten sowie dem dynamischen Druckaufbau kommt es zu Kraftstoffpulsierungen in der Common-Rail und im Injektor. Der tatsächlich anliegende Kraftstoffdruck an der Injektordüse kann nicht direkt erfasst werden und stellt daher einen weiteren Unsicherheitsfaktor dar [4, 9]. Die Einflüsse der Injektortemperatur Θ_{inj} und der Anpresskraft F_{n}, welche den Injektor auf den Ventilsitz des Zylinderkopfs drückt, kommen ebenfalls hinzu.

Alle genannten Unsicherheiten haben jeweils einen direkten Einfluss auf die einzelnen charakteristischen Größen. Zur Optimierung der Kraftstoffeinspritzung können diese getrennt betrachtet werden. Ein separater Soll-

/Ist-Abgleich von T_o, A und p führt daher zwangsläufig auf eine genauere Kraftstoffdosierung.

2.3.3 Gewählter Ansatz zur Injektorkalibrierung

In dieser Arbeit wird lediglich die tatsächliche Öffnungsdauer T_o der Injektordüse, d. h. die tatsächliche Einspritzdauer, zur Quantifizierung der Abweichungen in der Kraftstoffdosierung herangezogen, da die bei der Kraftstoffeinspritzung resultierenden Mengenschwankungen hauptsächlich auf die Ungenauigkeiten bestimmter Einzelkomponenten des Magnet-Injektors zurückzuführen sind. Ein wesentlicher Teil dieser Abweichungen und Verschleißerscheinungen wirkt sich direkt auf die Öffnungsdauer des Injektors aus, wie die Kennwerte des elektromagnetischen Systems, die Länge des Nadelhubs, die Federkonstante und die Eigenschaften des Ankers. Diese Unsicherheiten lassen sich anhand der Öffnungsdauer erfassen und durch eine entsprechende Adaption der Ansteuerdauer ausgleichen.

Das Betriebsverhalten des Magnet-Injektors wird somit anhand der (T_o, T_i)-Kennlinie bewertet, welche die Abhängigkeit der Öffnungsdauer von der Ansteuerdauer wiedergibt, siehe Abbildung 2.7. Der Verlauf

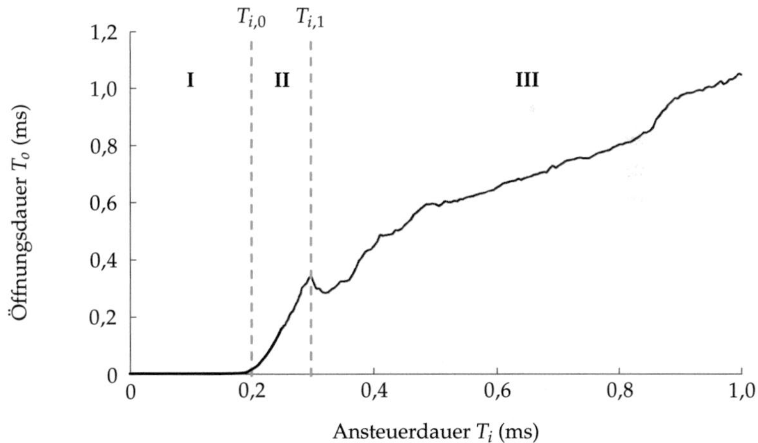

Abbildung 2.7   Injektorkennline (T_o, T_i) für $p = 10\,\mathrm{MPa}$ aus laservibrometrischer Nadelhubmessung [46]

deckt sich nahezu mit dem der (q, T_i)-Kennlinie aus Abbildung 2.5. Dies bestätigt die Annahme eines annähernd proportionalen Zusammenhangs zwischen q und T_o. Die drei Bereiche I, II und III, in die die Injektorkennlinie unterteilt werden kann, sind Gegenstand des nächsten Kapitels, welches den Einspritzvorgang näher beschreibt.

Für die Kompensation soll die tatsächliche Öffnungsdauer eines Magnet-Injektors in einem beliebigen Arbeitspunkt (T_i, p) anhand des während der Kraftstoffeinspritzung emittierten Körperschalls bestimmt werden. Da sich der Magnet-Injektor direkt auf dem Zylinderkopf befindet, werden die Körperschallwellen auf die gesamte Motorstruktur übertragen. Es gilt daher zu untersuchen, ob die standardmäßig verbauten Klopfsensoren, welche als Körperschallaufnehmer zur Überwachung des Verbrennungsprozesses eingesetzt werden, zur Schätzung der tatsächlichen Einspritzdauer verwendet werden können. Aus den während der Kraftstoffeinspritzung aufgezeichneten Klopfsensorsignalen sind somit die Zeitpunkte des Einspritzbeginns und des Einspritzendes zu detektieren. Durch die so ermittelte Öffnungsdauer wird anschließend die Anpassung des Korrekturkennfelds (q, dT_i) vorgenommen.

2.3.4 Weitere Ansätze zur Injektorkalibrierung

In Abbildung 2.6 wurde eine mögliche Realisierung eines „Offline"-Verfahrens zur In-Situ-Injektorkalibrierung vorgestellt. Vor allem im Bereich der Dieselmotortechnik existieren bereits andere Ansätze, die zur Verbesserung des Lebensdauerverhaltens beitragen. Drei dieser Methoden werden im Folgenden kurz in Anlehnung an [17, 39, 50] beschrieben:

- Die **Nullmengenkalibrierung** dient der Kompensation von Mengendriften der verbauten Injektoren. Dabei wird im Schubbetrieb eine Kraftstoffeinspritzung im Kleinmengenbereich nacheinander in den einzelnen Zylindern durchgeführt. Die damit verbundene Anhebung des Drehmoments wird über den Drehzahlsensor detektiert. Aus der dynamischen Drehzahländerung kann ein Bezug zur eingespritzten Kraftstoffmenge hergestellt und ein Abgleich der einzelnen Injektoren durch Anpassung der Ansteuerdauer T_i durchgeführt werden.

- Beim **Injektormengenabgleich** werden die Injektoren nach dem Fertigungsprozess entsprechend vermessen, um das injektorindividuelle Verhalten zu identifizieren und die Korrekturkennlinie aus

Diagramm 2.6 zu initialisieren. Dieses Vorgehen ist mit einer enormen Datenverwaltung verbunden. Die fertigungsbedingten Ungenauigkeiten der einzelnen Injektoren lassen sich durch diese Methode reduzieren, jedoch nicht die Bauteildrift während der gesamten Lebensdauer sowie Abweichungen aufgrund der Montage.

- Die **Mengenmittelwertadaption** nutzt den Luftmengenmesser und die Lambdasonde zur Ermittlung eines über alle Zylinder gemittelten Werts der eingespritzten Kraftstoffmenge. Durch diesen Wert lässt sich zwar eine Adaption der gesamten Injektoransteuerung zur Reduzierung der Abweichungen durchführen, jedoch nicht injektorindividuell.

Die eigentliche Herausforderung in der Realisierung eines Verfahrens zur Injektorkalibrierung liegt in der Ermittlung der charakteristischen Größe, anhand derer die Injektoransteuerung angepasst werden kann. Wie bereits angedeutet sind ein zusätzlicher Aufwand an Sensorik sowie damit verbundene technische Änderungen an der Verbrennungsmaschine möglichst zu vermeiden. Stattdessen ist es wünschenswert, auf bereits vorhandene Sensorik zurückzugreifen. Die folgenden Kapitel werden daher ausschließlich auf den in Abschnitt 2.3.3 vorgestellten Ansatz zur Injektorkalibrierung eingehen.

3 Injektionsvorgang

Eine detaillierte Auseinandersetzung mit dem Ablauf des Einspritzvorgangs bildet die Grundlage für die spätere Analyse der Körperschallsignale. Dabei ist ein Verständnis der Vorgänge im Injektor während der Kraftstoffeinspritzung notwendig, um die Körperschallemissionen interpretieren zu können. Der Vorgang der Kraftstoffinjektion wird daher im Folgenden genauer betrachtet. Anhand eines speziellen Messaufbaus, der in Kapitel 4 vorgestellt wird, ist die Aufnahme der Nadelbewegung über der Zeit möglich. Anhand dieser Nadelbewegung lässt sich der Einspritzvorgang detailliert erklären.

3.1 Ablauf

Der von der Ansteuerdauer T_i abhängige Strom $I(t,T_i)$ stellt die Stellgröße des Magnet-Injektors dar. Über die Spule und den Eisenkern wird ein Magnetfeld aufgebaut, welches den Anker anzieht. Daraus resultiert die Nadelbewegung $h(t)$. Der Einspritzvorgang lässt sich anhand der Nadelbewegung in verschiedene Phasen unterteilen. Während der Kraftstoffeinspritzung treten bestimmte Ereignisse auf, die für die spätere Schätzung der tatsächlichen Einspritzdauer bzw. Öffnungsdauer relevant sind. Diese sollen nun anhand von Abbildung 3.1 in den folgenden Teilabschnitten genauer beschrieben werden.

3.1.1 Ansteuerbeginn (SOI)

Wie in Abschnitt 2.2.2 gezeigt, wird zum Zeitpunkt des Ansteuerbeginns t_{SOI} (SOI = start of injection) der Steuerstrom $I(t)$ durch Anlegen einer Injektorspannung $U(t)$ aktiviert. Das Magnetfeld im Injektor beginnt über den Eisenkern eine Magnetkraft F_{m} aufzubauen.

3.1.2 Einspritzbeginn (BOI)

Die bestromte Zylinderspule bildet über den Eisenkern ein Magnetfeld aus, das den Anker anzieht. Nach der Anzugsdauer T_{an} überwiegt die

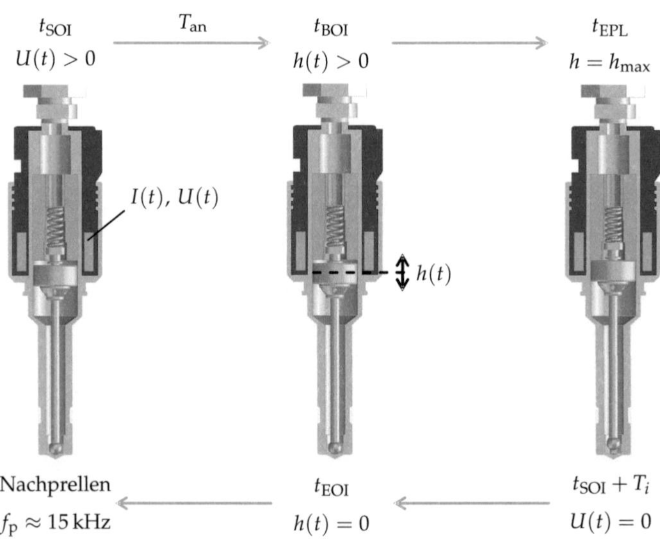

Abbildung 3.1 Veranschaulichung der Nadelbewegung während des Einspritzvorgangs

Magnetkraft F_{m} die entgegen gerichtete Federkraft F_{f} und der Magnetanker beginnt die Nadel zu heben. Die Injektordüse wird daraufhin freigegeben und der unter Druck stehende Kraftstoff strömt aus. Der Zeitpunkt t_{BOI} (BOI = begin of injection) steht für den Einspritzbeginn. Der Vorgang des Anhebens der Injektornadel ist druckabhängig, da sich diese entgegen des ausströmenden Kraftstoffs bewegt, siehe Abbildung 3.2 (oben). Die Druckabhängigkeit ist am Verlauf des Nadelhubs für die Kraftstoffdrücke $p = 4\,\mathrm{MPa}$, $p = 12\,\mathrm{MPa}$ und $p = 20\,\mathrm{MPa}$ bei einer festen Ansteuerdauer $T_i = 0{,}5\,\mathrm{ms}$ dargestellt. Im Falle eines geringeren Kraftstoffdrucks hebt sich die Injektornadel zeitlich früher und schneller, was an der Steigung des Hubverlaufs zu sehen ist. Für sehr geringe Ansteuerdauern im Kleinmengenbereich ist t_{BOI} abhängig von der Ansteuerdauer T_i. Dies ist im unteren Diagramm von Abbildung 3.2 zu sehen.

3.1.3 Anschlag am Magnetkern (EPL)

Überwiegt die Magnetkraft die Federkraft ausreichend lange, so trifft der Anker auf den Magnetkern. Da die Injektornadel nicht starr mit dem An-

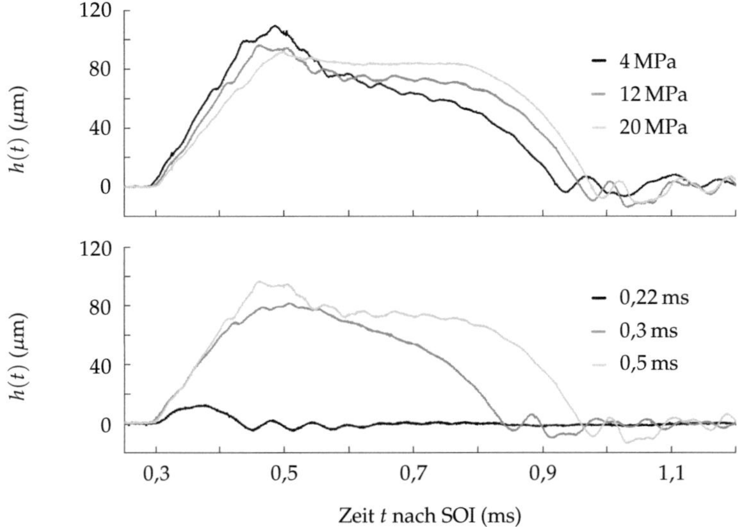

Abbildung 3.2 Nadelhub $h(t)$ für verschiedene Drücke p bei $T_i = 0,5\,\text{ms}$ (oben) und für verschiedene Ansteuerdauern T_i bei $p = 4\,\text{MPa}$ (unten)

ker verbunden ist, kommt es zu einem Überschwinger, welcher deutlich im Verlauf von $h(t)$ zu sehen ist. Die Injektornadel bewegt sich so weit nach oben, bis die Federkraft überwiegt und die Nadel wieder zurück auf den Anker presst. Der Zeitpunkt des Ankeranschlags wird im Folgenden stets mit t_{EPL} (EPL = end of pintle lift) bezeichnet. Wie in Abbildung 3.2 zu erkennen, ist t_{EPL} druckabhängig.

3.1.4 Einspritzende (EOI)

Zum Zeitpunkt $t_{\text{SOI}} + T_i$ wird die Injektorspannung $U(t)$ zurückgesetzt. Der Injektorstrom und somit auch die Magnetkraft fallen ab. Aufgrund der überwiegenden Federkraft beginnt die Nadel auf die Düse zu fallen. Zum Zeitpunkt t_{EOI} (EOI = end of injection) des Auftreffens der Nadel auf der Düse wird der Einspritzvorgang beendet.

Abbildung 3.3 zeigt den Injektorsteuerstrom $I(t,T_i)$ und die resultierende Nadelbewegung $h(t)$ für $T_i = 0,28\,\text{ms}$ und $T_i = 0,8\,\text{ms}$ bei jeweils $p = 10\,\text{MPa}$. Im Falle von $T_i = 0,28\,\text{ms}$ tritt das EPL-Ereignis nicht auf. Deutlich zu erkennen ist eine dominante Schwingung im Verlauf von $h(t)$

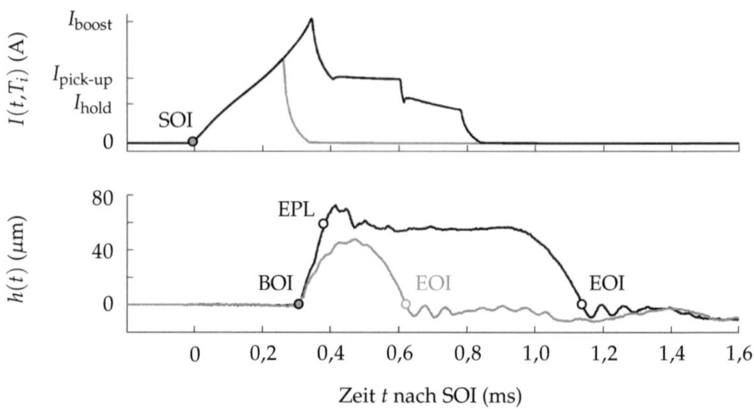

Abbildung 3.3 Steuerstrom $I(t,T_i)$ und Nadelhub $h(t)$ für den Fall eines Vollhubs (schwarz) und eines Teilhubs (grau) für $p = 10\,\text{MPa}$

nach dem Einspritzende. Es handelt sich hierbei um das Nachprellen der Injektornadel auf der Düse. Im Falle des vorrangig in dieser Arbeit betrachteten Magnet-Injektors beträgt die Frequenz dieser Schwingung ca. $f_\text{P} \approx 15\,\text{kHz}$. Die Prellfrequenz f_P spielt in den weiteren Betrachtungen dieser Arbeit eine sehr entscheidende Rolle.

Die aus den Nadelbewegungen $h(t)$ ermittelten Auftrittszeitpunkte t_BOI, t_EPL und t_EOI der eben beschriebenen Ereignisse sind in Abhängigkeit der Ansteuerdauer T_i in Abbildung 3.4 aufgetragen, wobei der Kraftstoffdruck p konstant ist. Es sind deutliche Zusammenhänge in der (T_i, t)-Ebene zu erkennen. Während die Zeitpunkte $t_\text{BOI}(T_i)$ und $t_\text{EPL}(T_i)$ ab bestimmten Ansteuerdauern konstant sind, ist an t_EOI der typische Verlauf der Injektorkennlinie aus Abbildung 2.7 zu erkennen. Die Injektorkennlinie kann bezüglich der Ansteuerdauer in einzelne Bereiche unterteilt werden. Diese werden nun näher erläutert.

3.2 Teilhub und Vollhub

Bei einem konstanten Kraftstoffdruck lässt sich der gesamte Ansteuerbereich in drei Teilbereiche unterteilen. Für alle folgenden Betrachtungen gilt daher stets die Fallunterscheidung:

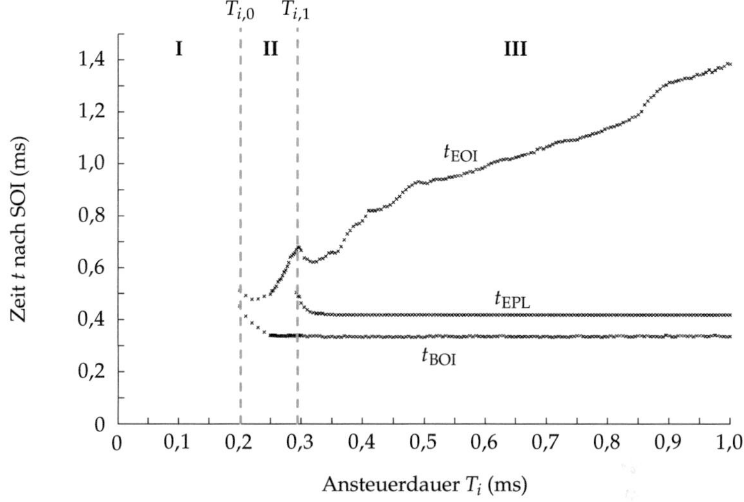

Abbildung 3.4 Mit Laservibrometer ermittelte Auftrittszeitpunkte t_{BOI}, t_{EPL} und t_{EOI} für $p = 10\,\mathrm{MPa}$

- **I** $(T_i < T_{i,0})$: Keine Kraftstoffeinspritzung,

- **II** $(T_{i,0} \leq T_i < T_{i,1})$: Teilhub-Bereich,

- **III** $(T_i \geq T_{i,1})$: Vollhub-Bereich.

Diese Ansteuerbereiche werden nun genauer betrachtet.

3.2.1 Teilhub-Bereich

Für eine Ansteuerdauer $T_i < T_{i,0}$ ist das Magnetfeld zu schwach, um die Injektornadel entgegen der Federkraft zu heben. Daher bleibt im Ansteuerbereich I die Injektordüse geschlossen und es wird kein Kraftstoff eingespritzt. Bei einer längeren Ansteuerdauer kommt es zum Nadelhub. Im Teilhub-Bereich $(T_{i,0} \leq T_i < T_{i,1})$ führt die Injektornadel eine ballistische Bewegung aus. Die Injektordüse wird geöffnet und es wird Kraftstoff eingespritzt. Abbildung 3.4 zeigt, dass der Auftrittszeitpunkt des Einspritzbeginns erst im oberen Teil des Teilhub-Bereichs von der Ansteuerdauer unabhängig ist. Ferner ist zu sehen, dass in diesem Ansteuerbereich der Anker nicht am Magnetkern anschlägt. Im Teilhub werden Kleinmengen $q < 5\,\text{mg}$ eingespritzt (vgl. Abb. 2.5). Insbesondere Mengen $q < 3\,\text{mg}$ können für präzise Nacheinspritzungen relevant sein. Der relative Fehler Δq ist in diesem Bereich sehr hoch. Deshalb ist eine Kalibrierung hier besonders wichtig.

3.2.2 Vollhub-Bereich

Wird der Magnet-Injektor ausreichend lange bestromt $(T_i \geq T_{i,1})$, schlägt der vom Magnetkern angezogene Anker an selbigem an, vgl. Abbildung 3.4. Dieser Anschlag begründet den deutlich zu erkennenden Knick in der Injektorkennlinie. Die Kraftstoffmengen im unteren Vollhub-Bereich werden daher teilweise durch den Teilhub-Bereich abgedeckt. Im oberen Vollhub-Bereich $q > 10\,\text{mg}$ weist die Injektorkennlinie einen nahezu linearen Verlauf auf. Der Auftrittszeitpunkt t_{BOI} des Einspritzbeginns ist im Vollhub-Bereich unabhängig von der Ansteuerdauer.

3.3 Schallemission

Aufgrund der Nadelbewegung und des ausströmenden Kraftstoffs treten während der Kraftstoffeinspritzung im Inneren des Injektors mechanische Schläge und Vibrationen auf. Diese regen das Injektorgehäuse zu Schwingungen an. Da sich der Injektor direkt auf dem Zylinderkopf befindet, werden diese Schwingungen auf die Motorstruktur übertragen. Wie in Abbildung 3.5 dargestellt, wird der Magnet-Injektor mit einer Normalkraft F_n in den Ventilsitz des Zylinderkopfs gepresst. In einigen Ausführungsformen befinden sich Entkopplungselemente bzw. Dämpfungselemente zur Reduzierung des Schallpegels zwischen der Auflagefläche und dem Injektor.

Abbildung 3.6 zeigt die Wirkungskette von der Körperschallerzeugung über die Ausbreitung bis zur sensoriellen Aufnahme. Die Körperschallerzeugung wird durch die Nadel- und Ankerbewegung im Injektor hervorgerufen und hängt daher vom Arbeitspunkt (T_i, p), der Injektortemperatur Θ_{inj} und der Normalkraft F_n ab. Die Injektortemperatur wird in allen hier angestellten Betrachtungen als konstant angenommen. Die Normalkraft F_n hat einen wesentlichen Einfluss auf das Betriebsverhalten des Magnet-Injektors im Kleinmengenbereich, wie sich später in Kapitel 7 noch herausstellen wird.

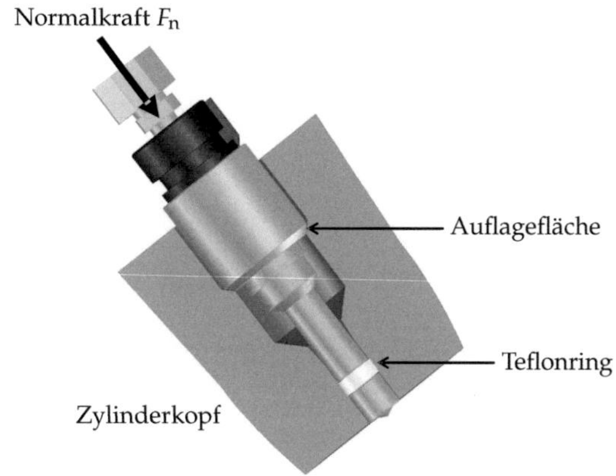

Abbildung 3.5   Magnet-Injektor in Ventilsitz auf Zylinderkopf

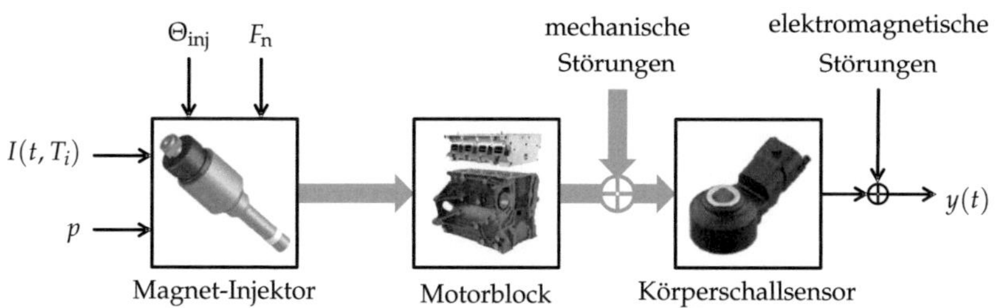

Abbildung 3.6   Körperschallerzeugung durch Magnet-Injektor, Ausbreitung über Motorblock und Aufnahme mit Körperschallsensor

Das Übertragungsverhalten des Körperschalls hängt vom Ausbreitungsweg und daher vom Motortyp selbst ab. Die Körperschallübertragung und die im realen Motorbetrieb auftretenden mechanischen Störungen werden in Kapitel 5 näher betrachtet.

Die Körperschallaufnahme erfolgt über eine entsprechende Sensorik, die sich auf dem Zylinderkopf oder dem Zylinderkurbelgehäuse befindet. Hier bietet sich vor allem der Klopfsensor an. Die Sensorik zur Erfassung der Schwingungen und die Schallanalyse sind Gegenstand von Kapitel 4.

Am Ende der Wirkkette aus Abbildung 3.6 steht das Sensorsignal $y(t)$, aus dem die Öffnungsdauer des Magnet-Injektors geschätzt werden soll.

Abbildung 3.7 zeigt, wie ein solches Körperschallsignal in unmittelbarer Nähe eines Magnet-Injektors aussieht. In der Abbildung dargestellt sind

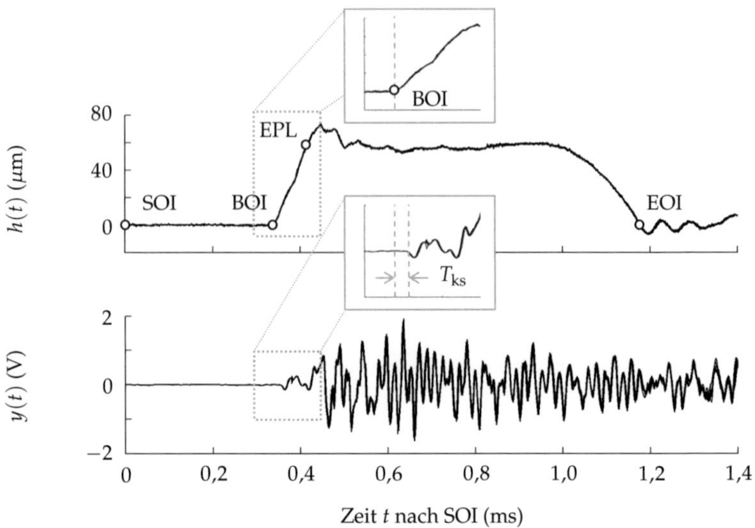

Abbildung 3.7 Körperschallemission während der Kraftstoffeinspritzung mit $T_i = 0{,}8\,\mathrm{ms}$ und $p = 10\,\mathrm{MPa}$ ($M = 10$ Einspritzungen)

jeweils $M = 10$ Messungen der Nadelbewegung $h_m(t)$ und des emittierten Körperschalls $y_m(t)$, $m = 1,\ldots,M$, für $T_i = 0{,}8\,\mathrm{ms}$ und $p = 10\,\mathrm{MPa}$. Im vorliegenden Arbeitspunkt führt der Injektor einen Vollhub durch. Die M Messungen werden jeweils auf den Ansteuerbeginn getriggert und für eine Zeitdauer von $T = 1{,}4\,\mathrm{ms}$ aufgezeichnet. Die Hubverläufe $h_m(t)$ der einzelnen Einspritzungen sind nahezu deckungsgleich, da die Nadelbewegung eine starke Systematik aufweist. Diese führt dazu, dass die Körperschallemissionen $y_m(t)$ ebenfalls einen beinahe identischen Verlauf aufweisen.

Da das Klopfsensorsignal in der betrachteten Anordnung frei von Störungen ist, entspricht der erste Anstieg der Signalamplitude dem ersten Ereignis der Kraftstoffeinspritzung, bei dem es zu Körperschallemissionen kommt. Wie bereits in Abschnitt 3.1 gezeigt, handelt es sich hierbei um den Einspritzbeginn BOI, welcher um die Körperschalllaufzeit T_{ks} verzögert im Körperschallsignal erkennbar ist. Die zu den Ereignissen EPL und EOI auftretenden mechanischen Schläge führen ebenfalls zu einer

Körperschallemission auf dem Zylinderkopf. Die Schallemissionen der einzelnen Ereignisse überlagern sich gegenseitig. Während der Einspritzbeginn deutlich im Signal $y(t)$ erkennbar ist, wird die Detektion des Einspritzendes aufgrund der Überlagerungen stark erschwert. Nur für ent-

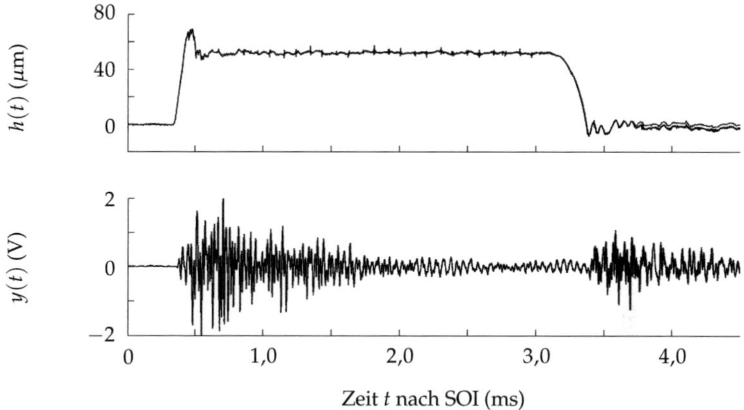

Abbildung 3.8   Körperschallemission während einer „langen" Kraftstoffeinspritzung mit $T_i = 3\,\mathrm{ms}$ und $p = 10\,\mathrm{MPa}$ ($M = 10$ Einspritzungen)

sprechend lange Ansteuerdauern ist es im Zeitbereich möglich, die tatsächliche Öffnungsdauer ohne eine weitere Signalverarbeitung aus dem Körperschallsignal zu bestimmen, siehe Abbildung 3.8.

Fazit

Dieses Kapitel zeigte, dass die Kraftstoffeinspritzung einen klar definierten Vorgang darstellt, bei dem es sowohl zum Einspritzbeginn als auch zum Einspritzende zu Körperschallemissionen kommt. Der systematische reproduzierbare Signalverlauf der Körperschallmessungen motiviert den in dieser Arbeit gewählten Ansatz zur Injektorkalibrierung. Das folgende Kapitel beschäftigt sich daher mit der Analyse des Körperschallsignals.

4 Schallanalyse

Das vorherige Kapitel zeigte, dass die Kraftstoffeinspritzung eine systematische Körperschallemission auf dem Zylinderkopf hervorruft. Ziel der vorliegenden Arbeit ist es, aus diesen Körperschallwellen den Einspritzbeginn und das Einspritzende zu detektieren, um eine Schätzung der tatsächlichen Öffnungsdauer des Injektors zu erhalten. Dieses Kapitel soll darüber Aufschluss geben, ob die Zeitpunkte t_{BOI} und t_{EOI} in den emittierten Körperschallwellen erkennbar sind bzw. ob eine Schätzung der tatsächlichen Öffnungsdauer überhaupt möglich ist.

Zunächst werden die für diese Arbeit relevanten Grundlagen zur Körperschallausbreitung kurz eingeführt. Anschließend werden verschiedene Körperschallaufnehmer, im Speziellen der Klopfsensor, näher betrachtet. Daraufhin erfolgt eine genaue Analyse und Beschreibung der Körperschallemission. Anhand einer an das Signal angepassten Zeit-Frequenz-Darstellung wird der Körperschall bezüglich seines Frequenzgehalts untersucht, um eine Aussage über die Verwendbarkeit zur Schätzung der Öffnungsdauer treffen zu können.

4.1 Grundlagen

Die Theorie des Körperschalls befasst sich mit der Erzeugung, Übertragung und Abstrahlung von zeitlich wechselnden Bewegungen und Kräften in festen Körpern [12, 18]. Der dabei angeregte Luftschall ist nicht Gegenstand der hier angestellten Betrachtungen.

Wie in Abschnitt 3.3 gezeigt, befinden sich die Magnet-Injektoren in den Ventilsitzen auf dem Zylinderkopf. Über die Auflagefläche werden die Schwingungen vom Injektorgehäuse auf den Zylinderkopf übertragen. Daraus folgt eine Körperschallausbreitung auf der gesamten Motorstruktur. Eine genauere Vorstellung der Art und Weise der Wellenausbreitung im Festkörper sollen die folgenden Abschnitte geben.

4.1.1 Wellenformen in Festkörpern

In Gasen oder Flüssigkeiten breitet sich der Schall nur in Form von longitudinalen Wellen aus, da in diesen Medien im Gegensatz zu Festkörpern nur sehr geringe Schubkräfte übertragen werden können. In Festkörpern hingegen können sich auch Schub-, Biege-, Torsions- und Oberflächenwellen ausbilden. Standardwerke zum Thema Körperschall beschränken sich bei der analytischen Beschreibung der Wellenausbreitung vornehmlich auf räumlich unbegrenzte Körper oder einfache Formen. Die Behandlung von komplexen Festkörpern, wie beispielsweise einem Motorblock, ist, wegen der vielen Randbedingungen aufgrund der Begrenzungsflächen, wenn überhaupt nur sehr schwer möglich. In solchen Fällen kommen experimentelle Ansätze zur Analyse des Schwingverhaltens zum Einsatz. Eine bewährte Methode stellt die experimentelle Modalanalyse dar. Diese Thematik wird später in Kapitel 5 nochmals aufgegriffen.

Wie bereits erwähnt, können sich Schallwellen in Festkörpern auf verschiedene Arten ausbreiten. Ausführliche Darstellungen hierzu finden sich in [12]. Im Folgenden werden nur zwei Wellentypen betrachtet, die bei der Körperschallemission auf Zylinderkopf und Motorblock eine wesentliche Rolle spielen. Von vornherein können die Wellenformen der Torsionswellen, der Biegewellen und der Schubwellen vernachlässigt bzw. ausgeschlossen werden. Die Geometrie des Motorblocks und die geringen Kräfte bei der Schallausbreitung sprechen gegen diese Wellenformen. Die zu betrachtenden Wellenformen sind in Abbildung 4.1 dargestellt.

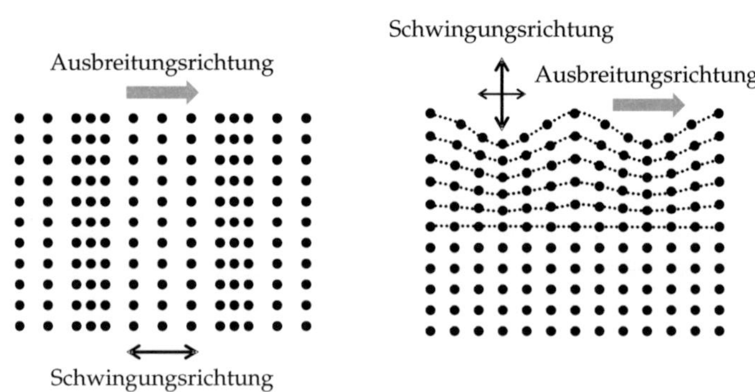

Abbildung 4.1 Wellenformen in Festkörpern: Reine Longitudinalwelle (links) und Oberflächenwelle (rechts)

- Dichtewellen: Dichtewellen sind reine Longitudinalwellen, die sich nur in allseitig über viele Wellenlängen ausgedehnte Körper ausbilden können. Sie sind vergleichbar mit den Längswellen in Flüssigkeiten und Gasen. Dies wird in der linken Grafik in Abbildung 4.1 veranschaulicht.

- Oberflächenwellen: Diese Wellenform breitet sich ausschließlich auf der Oberfläche eines Festkörpers aus und hat sowohl einen transversalen als auch longitudinalen Charakter. Ein Massepunkt auf der Oberfläche beschreibt eine elliptische Bewegung, wie es in Abbildung 4.1 (rechts) gezeigt wird. Im Vergleich zu den anderen Wellenformen weist der Typ der Rayleighwelle die höchste Schwingungsenergie auf. Da sich die Körperschallaufnehmer auf der Oberfläche der Festkörperstruktur befinden, liegt die Annahme nahe, dass der wesentliche Anteil der Signalenergie des Sensorsignals durch Oberflächenwellen hervorgerufen wird. Die Schwingungen der Oberflächenwellen führen zudem zur Emission von Luftschall.

Die verschiedenen Wellenformen haben aufgrund ihres individuellen Schwingungsverhaltens unterschiedliche Ausbreitungsgeschwindigkeiten. Diese Tatsache wird im nächsten Teilabschnitt genauer behandelt.

4.1.2 Schallgeschwindigkeit

Eine physikalische Größe im Zusammenhang mit der Ausbreitung des Körperschalls ist die Schallgeschwindigkeit. Anhand dieser lässt sich die Körperschalllaufzeit T_{ks} über den Ausbreitungsweg s_{ks} bestimmen. Diese Information kann für eine erste Schätzung der Auftrittszeitpunkte t_{BOI} und t_{EOI} des Einspritzbeginns bzw. des Einspritzendes herangezogen werden. So gilt beispielsweise:

$$E\left\{t_{BOI}\right\} = T_{ks} + T_{an}. \tag{4.1}$$

Die Schallgeschwindigkeit in dispertiven Medien ist unabhängig von der Frequenz [13]. Bei dem betrachteten Motorblock handelt es sich um ein solches Medium. Bei den später angestellten Frequenzuntersuchungen muss daher mit keinen unterschiedlichen Zeitverschiebungen einzelner Signalanteile gerechnet werden. Der Einfluss der Temperatur auf die Körperschallgeschwindigkeit bzw. Körperschalllaufzeit wurde nicht explizit untersucht. Klopfsensormessungen am Verbrennungsmotor zeigten jedoch keine merklichen Unterschiede im Erwartungswert für den Einspritzbeginn aus Gl. (4.1).

Für Oberflächenwellen bzw. Rayleighwellen bestimmt sich die Schallgeschwindigkeit c nach [41] zu

$$c_\mathrm{R} = 0{,}93 \cdot \sqrt{\frac{G}{\rho}}\,, \tag{4.2}$$

wobei

$$G = \frac{E}{2(1 + \mu)} \tag{4.3}$$

der Gleitmodul, E der Elastizitätsmodul, μ die Querkontraktionszahl und ρ die Dichte des Werkstoffes ist. Werden die Kennzahlen für Stahl, $E \approx 210\,\mathrm{kN/mm^2}$, $\rho \approx 7{,}85\,\mathrm{g/cm^3}$ und $\mu = 0{,}27\ldots0{,}3$, in die Gleichungen eingesetzt so ergibt sich eine Schallgeschwindigkeit von ca. $c_\mathrm{R} \approx 3000\,\mathrm{m/s}$. Dieser Wert findet sich auch in diversen Tabellenwerken [41].

Die Ausbreitungsgeschwindigkeit für longitudinale Wellen, d. h. Dichtewellen, berechnet sich durch

$$c_\mathrm{Di} = \sqrt{\frac{1 - \mu}{(1 + \mu)(1 - 2\mu)}} \cdot \sqrt{\frac{E}{\rho}}\,. \tag{4.4}$$

Dies führt auf eine beinahe doppelt so hohe Ausbreitungsgeschwindigkeit $c_\mathrm{Di} \approx 2c_\mathrm{R}$.

4.1.3 Superpositionsprinzip

Breiten sich mehrere Wellenpakete auf bzw. in einer Struktur aus, so kommt es zur zeitlichen und räumlichen Überlagerung. Für Wellenformen, die sich durch eine lineare Wellengleichung beschreiben lassen, gilt das Superpositionsprinzip [16]: Die Überlagerung der Wellenpakete $\Phi_1(x,t)$ und $\Phi_2(x,t)$ resultiert in

$$\Phi_{12}(x,t) = \Phi_1(x,t) + \Phi_2(x,t)\,. \tag{4.5}$$

Hierbei wird mit x der Ort und mit t die Zeit bezeichnet. Im Hinblick auf die zugrunde liegende Problemstellung der Körperschallausbreitung auf Zylinderkopf und Motorblock ist das Superpositionsprinzip gültig.

Die Körperschallausbreitung verursacht eine elastische Verformung der Motorstruktur im μm-Bereich. Nach dem Hooke'schen Gesetz besteht ein proportionales Verhalten zwischen einwirkender Spannung und resultierender Verformung im linear-elastischen Bereich des Spannungs-Verformungs-Diagramms [13].

Daraus kann gefolgert werden, dass das Körperschallsignal $y(t)$ am Körperschallaufnehmer einer additiven Überlagerung der einzeln eintreffenden Wellenpakete entspricht, die durch die Ereignisse während der Kraftstoffeinspritzung erzeugt werden und sich über die Motorstruktur ausbreiten.

4.2 Körperschallmessung

Für die messtechnische Erfassung der Körperschallwellen wurden in dieser Arbeit Beschleunigungssensoren und Klopfsensoren verwendet. Diese formen die auf den Sensor wirkenden Schwingungen in Spannungssignale um, welche im Folgenden stets als Körperschall- oder Klopfsensorsignale bezeichnet und auf dem Steuergerät weiterverarbeitet werden.

4.2.1 Klopfsensor

Klopfsensoren werden zur Überwachung des Verbrennungsprozesses in Ottomotoren eingesetzt. Heutige BDE-Motoren verfügen, je nach Zylinderanzahl, serienmäßig über einen oder mehrere Klopfsensoren [7], die sich für gewöhnlich auf dem Zylinderkurbelgehäuse befinden. Sie dienen der Körperschallaufnahme zur Erkennung einer klopfenden Verbrennung. Die sogenannte Klopfregelung adaptiert den Zündwinkel auf Basis der Klopferkennung [25].

Klopfsensoren sind Körperschallaufnehmer, die nach dem piezoelektrischen Prinzip arbeiten. Im Gegensatz zu den im nächsten Abschnitt beschriebenen Beschleunigungssensoren reagieren Klopfsensoren nur auf Körperschallwellen. Abbildung 4.2 zeigt schematisch den Aufbau eines Klopfsensors, wie er heute in Verbrennungsaggregaten zum Einsatz kommt. Der Sensor wird mit einem definierten Anzugsmoment auf der Oberfläche des Zylinderkurbelgehäuses verschraubt. Im Wesentlichen besteht der Klopfsensor aus einer ringförmigen seismischen Masse, die im Falle von einwirkenden Körperschallwellen zu schwingen beginnt. Die ebenfalls ringförmige Piezokeramik, welche sich unter der seismischen Masse befindet, erfährt Kompressionskräfte, die eine Ladungsver-

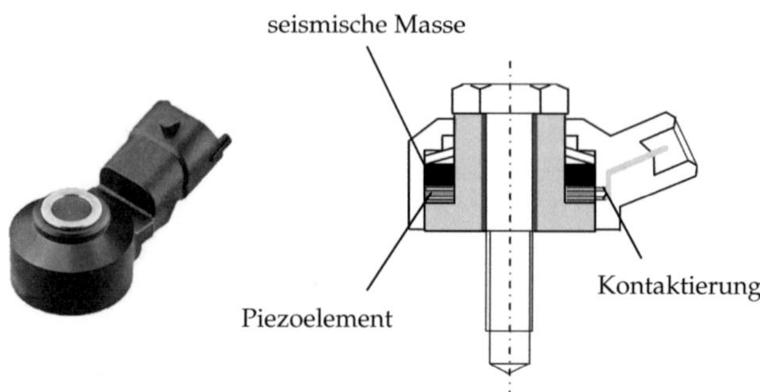

Abbildung 4.2   Schematischer Aufbau eines Klopfsensors

schiebung in der Piezokeramik hervorrufen, siehe Abbildung 4.3. Die La-

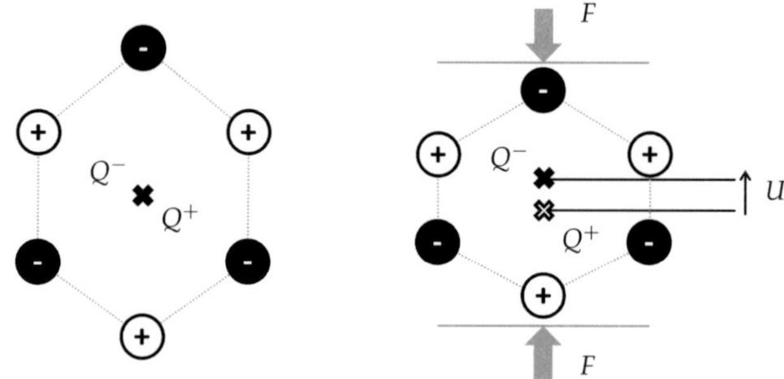

Abbildung 4.3   Piezoelektrisches Prinzip

dungsverschiebung generiert eine Spannung an der Keramikober- und unterseite, die über Kontaktscheiben abgegriffen wird und an den Anschlussklemmen anliegt. Laut Hersteller weist der in dieser Arbeit verwendete Klopfsensor eine nahezu konstante Empfindlichkeit im Frequenzbereich $f < 30\,\mathrm{kHz}$ auf. Die Empfindlichkeit entspricht der Ausgangsspannung pro Einheit der Beschleunigung und wird üblicherweise in [mV/g] angegeben. Die Hauptresonanz liegt bei $f > 30\,\mathrm{kHz}$. Die wichtigsten Kenndaten des hier verwendeten Klopfsensors finden sich in Anhang B.

Wie in Abbildung 3.6 dargestellt kann der Klopfsensor als Teilsystem der gesamten Wirkungskette interpretiert werden. Die eintreffenden Körperschallwellen $x(t)$ werden gemäß der Übertragungsfunktion G_s des Sensors in ein Spannungssignal $y(t)$ umwandelt, siehe Abbildung 4.4. Die Systemfunktion G_s, die das Sensorverhalten vollständig

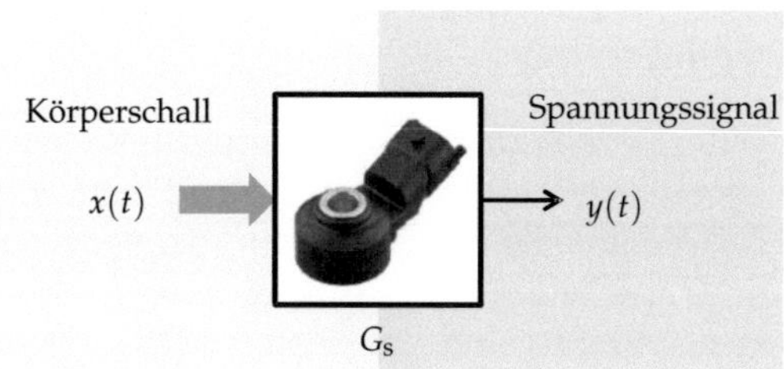

Abbildung 4.4 Körperschallaufnahme durch Klopfsensor

beschreibt, ist unbekannt. Sie setzt sich zusammen aus dem Amplitudengang $A(f)$ und dem Phasengang $\varphi(f)$. Da laut Hersteller im Frequenzbereich $f < 30\,\mathrm{kHz}$ eine annähernd konstante Empfindlichkeit vorliegt, ist in diesem Frequenzband der Amplitudengang $A(f)$ ebenfalls annähernd konstant.

Eine für diese Arbeit entscheidende Sensoreigenschaft ist das Ansprechverhalten bzw. die Totzeit T_{tot} des Sensors. Diese lässt sich aus dem Phasengang $\varphi(f)$ bestimmen und beschreibt die Zeitdauer zwischen dem Eintreffen einer Körperschallwelle und der Generierung der Ausgangsspannung. Die absolute Zeitdauer T_{tot} ist dabei weniger von Wichtigkeit als vielmehr die Varianz der Totzeit. Da sowohl der Einspritzbeginn als auch das Einspritzende aus dem gleichen Klopfsensorsignal ermittelt werden sollen, ist die absolute Zeitdauer weniger von Interesse, solange deren Varianz ausreichend gering ist. Die Körperschallemissionen in Abbildung 3.7 wurden mit einem Klopfsensor aufgezeichnet. Der beinahe identische Verlauf des Sensorsignals für die einzelnen Messungen bestätigt, dass das Ansprechverhalten für die Anwendung von ausreichender Güte ist.

In dieser Arbeit wurde das Klopfsensorsignal überwiegend direkt aufgezeichnet, d. h. es wurden keine analogen Filterstufen vor die A/D-Wandlung geschalten. Im Motor integrierte Klopfsensoren werden zur Klopferkennung anhand einer analogen Filterstufe vorverarbeitet. Diese Filterstufe beinhaltet im Allgemeinen eine Tiefpassfilterung auf den sensorabhängigen Frequenzbereich und eine Downsampling-Operation. In Kapitel 5 werden Messungen vorgestellt, die auf einem laufenden BDE-Motor aufgenommen und mit dieser analogen Filterung vorverarbeitet wurden.

4.2.2 Beschleunigungssensor

Das Messprinzip des verwendeten Beschleunigungssensors beruht ebenfalls auf dem piezoelektrischen Effekt. Aufgrund der kompakten Abmessungen lässt sich der einaxiale Beschleunigungssensor vielseitiger einsetzen. Mit Hilfe eines speziellen Klebstoffs kann er auf beliebigen Ebenen angebracht werden. Mit ihm sind daher auch Messungen auf dem Injektorgehäuse möglich. Der zulässige Frequenzbereich des Sensors beträgt

Abbildung 4.5   Einaxialer Beschleunigungssensor

$f < 70\,\text{kHz}$. Die Resonanzfrequenz liegt über $70\,\text{kHz}$. Der Beschleunigungssensor wurde im Rahmen dieser Arbeit vor allem für Messungen an schwer zugänglichen Positionen verwendet. Außerdem wurden mit ihm Messungen an den Klopfsensorpositionen durchgeführt, um über einen Vergleich eine Aussage über die Zuverlässigkeit des Klopfsensorsignals zu erhalten. Dadurch konnte beispielsweise die exakte Resonanzfrequenz des Klopfsensors ermittelt werden.

4.3 Prüfstand zur Nadelhubmessung

In Kapitel 3 wurden bereits Messungen der Nadelbewegung $h(t)$ vorgestellt. In diesem Teilabschnitt soll nun die Nadelbewegung auf dem Prüfstand eines Industriepartners erfasst werden. Für die Aufnahme von

$h(t)$ und für die Untersuchungen des emittierten Körperschalls $y(t)$ während der Kraftstoffeinspritzung dient ein laservibrometrischer Messaufbau wie er in Abbildung 4.6 schematisch dargestellt ist [46]. Der Magnet-

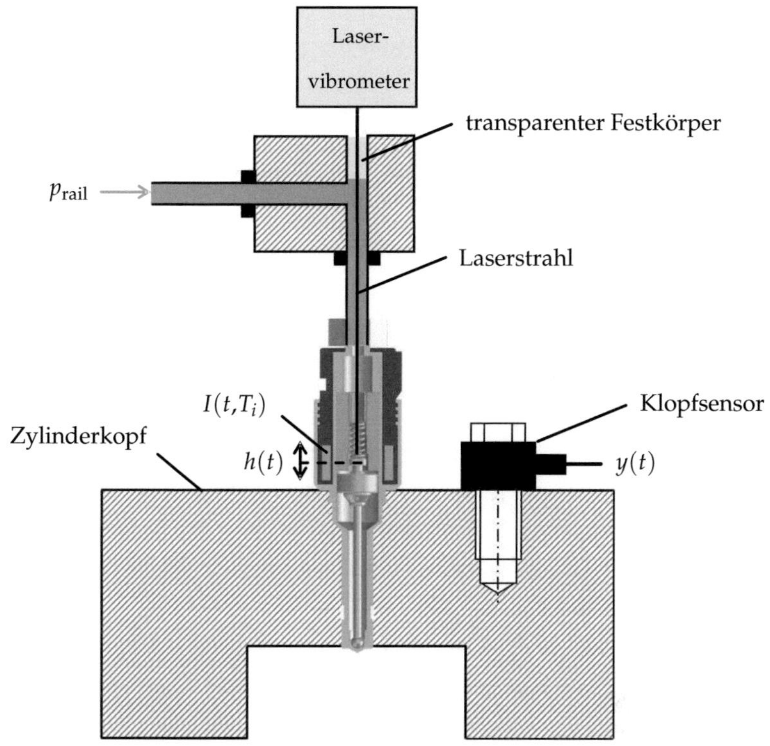

Abbildung 4.6   Messaufbau zur simultanen Aufnahme von Nadelhub $h(t)$ und emittierten Körperschall $y(t)$ nach [46]

Injektor befindet sich auf dem Ventilsitz einer soliden Metallstruktur in unmittelbarer Nähe eines Klopfsensors. Die Kraftstoffzuleitung verfügt über einen durchsichtigen Festkörper, der die Einkopplung eines Laserstrahls ins Innere der Leitung ermöglicht. Der Laserstrahl wird direkt auf die obere Planfläche der Injektornadel gerichtet. Die verwendete Messapparatur arbeitet nach dem Prinzip der Laser-Doppler-Vibrometrie [37].

Mit Hilfe des beschriebenen Messaufbaus ist eine simultane Aufnahme von Klopfsensorsignal $y(t)$ und korrespondierender Nadelbewegung $h(t)$ möglich. Somit sind die Zeitpunkte t_{BOI}, t_{EPL} und t_{EOI} bekannt, sodass das Klopfsensorsignal gezielt in diesen Zeitbereichen untersucht werden kann. Es muss lediglich die Körperschalllaufzeit T_{ks} berücksichtigt werden. Gemäß den Grundlagen aus Abschnitt 4.1.2 beträgt die Körperschalllauzeit ungefähr $T_{\mathrm{ks}} \approx 20\,\mu\mathrm{s}$ bei einem Ausbreitungsweg von $s_{\mathrm{ks}} \approx 6\,\mathrm{cm}$. Die Hubverläufe wurden im unteren Ansteuerbereich $T_i = 0{,}25\,\mathrm{ms}\ldots 1\,\mathrm{ms}$ für zwei Systemdrücke $p = 10\,\mathrm{MPa}$ und $p = 12\,\mathrm{MPa}$ aufgezeichnet. Die Hubverläufe zu ausgewählten Ansteuerdauern im Teilhub- und im Vollhub-Bereich sind in Abbildung 4.7 zu sehen.

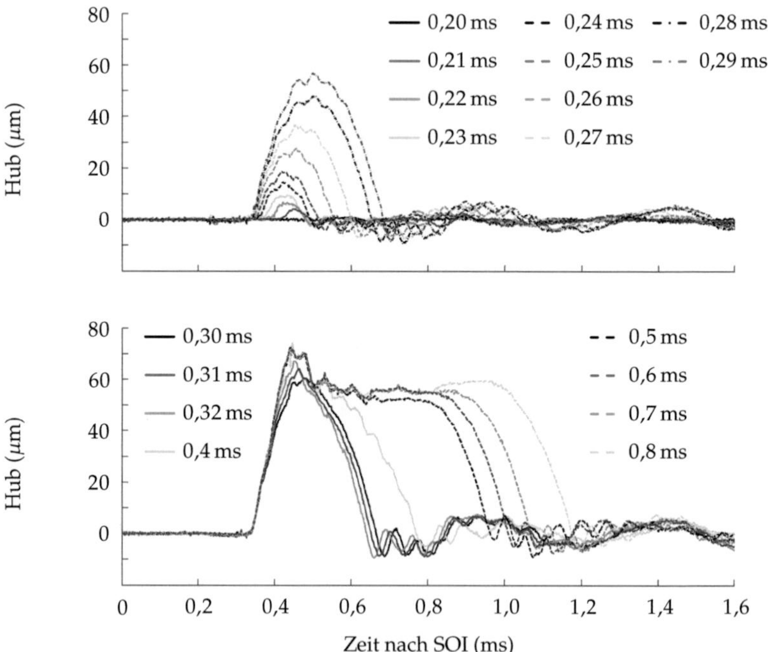

Abbildung 4.7 Nadelhubmessungen für verschiedene Ansteuerdauern T_i im Teilhub-Bereich (oben) und im Vollhub-Bereich (unten) bei konstantem Druck $p = 10\,\mathrm{MPa}$

Die gesamte Messreihe ist in Abbildung 4.8 in einem $(h,\ T_i)$-Diagramm in der (T_i, t)-Ebene eingezeichnet. Entlang der vertikalen Achse verlaufen

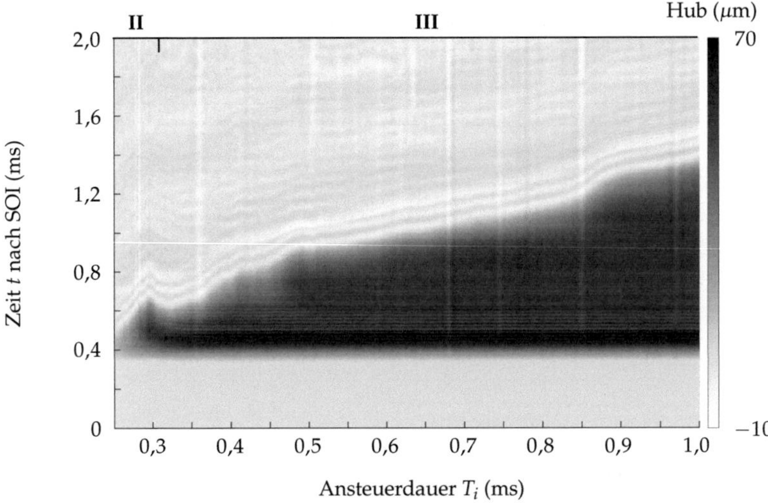

Abbildung 4.8 Nadelhub in Abhängigkeit der Ansteuerdauer bei konstantem Kraftstoffdruck $p = 10\,\mathrm{MPa}$

die Nadelbewegungen $h(t, T_i)$. Die Amplitude ist farblich nach dem nebenstehenden Schema kodiert. In diesem Diagramm sind deutliche Konturen zu erkennen. Die aus den zeitlichen Verläufen $h(t, T_i)$ extrahierten Zeitpunkte t_{BOI}, t_{EPL} und t_{EOI} wurden bereits in Abbildung 3.4 dargestellt.

Die Messunsicherheiten bei der Ermittlung der einzelnen Zeitpunkte und der daraus gewonnenen Öffnungsdauer $T_{\mathrm{o,ref}}$ sind im Rahmen der erforderlichen Genauigkeit. Daher dienen diese im weiteren Verlauf der Arbeit als Referenz.

4.4 Modellierung der Schallemission

Die Darstellungen aus Abschnitt 3.3 lassen darauf schließen, dass die Schätzung der tatsächlichen Öffnungsdauer aus einem einzelnen Körperschallsignal im Zeitbereich nahezu unmöglich ist. Nur für entsprechend lange Ansteuerdauern sind die Körperschallwellen des Einspritzbeginns und des Ankeranschlags ausreichend stark abgeklungen, um das Einspritzende im unverarbeiteten Körperschallsignal detektieren zu können.

Abhilfe für dieses Problem schafft die Gegenüberstellung mehrerer Körperschallsignale in jeweils unterschiedlichen Arbeitspunkten (T_i, p). Ein Vergleich der Körperschallsignale $y(t)$ zu verschiedenen Ansteuerdauern T_i bei einem konstanten Kraftstoffdruck p führt auf die Darstellungsform des (y, T_i)-Diagramms, welches auf die gleiche Weise erstellt wird, wie das zuvor präsentierte (h, T_i)-Diagramm.

Nach dem Superpositionsprinzip setzt sich das Körperschallsignal $y(t)$ aus den einzelnen Schallemissionen zu den Ereignissen BOI, EPL und EOI sowie den dazu gehörigen Reflexionen bzw. Mehrwegeausbreitungen zusammen. Auf Basis dieser Tatsache wird in Abschnitt 4.4.2 ein einfaches Signalmodell für die Körperschallemission hergeleitet.

4.4.1 Das (y, T_i)-Diagramm

Die Injektorkennlinien (q, T_i) und (T_o, T_i) geben die Abhängigkeit der eingespritzten Kraftstoffmenge bzw. der tatsächlichen Öffnungsdauer von der Ansteuerdauer bei konstantem Kraftstoffdruck p wieder. In diesen Diagrammen sind die entsprechenden Zusammenhänge erkennbar. Im Folgenden wird eine ähnliche Darstellungsform für die Körperschallsignale $y(t)$ vorgestellt und diskutiert. Dazu wird ein Messdatensatz erstellt, bei dem die Schwingungen auf dem Injektorgehäuse mit einem Beschleunigungssensor aufgenommen werden. Der Kraftstoffdruck bleibt bei allen Messungen konstant. Die Ansteuerdauer wird im Intervall $T_i = 0\,\text{ms} \ldots 1\,\text{ms}$ in Schritten von $\Delta T_i = 1\,\mu\text{s}$ verändert. Das daraus resultierende (y, T_i)-Diagramm ist in Abbildung 4.9 dargestellt. In jedem Arbeitspunkt werden die Signale $y(t, T_i)$ über $M = 10$ Einspritzungen gemittelt und entlang der vertikalen Achse um die Schalllaufzeit T_{ks} kompensiert aufgetragen. Die Amplitude von $y(t, T_i)$ ist nach dem Farbschema, welches rechts von Abbildung 4.9 zu sehen ist, kodiert: positive Amplituden in weiß und negative Amplituden in schwarz. Das (y, T_i)-Diagramm zeigt klar strukturierte Muster. Der definierte Verlauf dieser Muster bestätigt die Systematik der Körperschallemissionen während der Kraftstoffeinspritzung, wie sie bereits in Abschnitt 3.3 angedeutet wurde. Die erste Amplitudenerhöhung in zeitlicher Richtung ist dem Einspritzbeginn zuzuordnen. Dieser tritt ab einer gewissen Ansteuerdauer immer zum gleichen Zeitpunkt nach Ansteuerbeginn auf. Die Schwingungen des Einspritzendes sind ebenfalls deutlich im (y, T_i)-Diagramm erkennbar. Der Verlauf ist nahezu identisch mit den Kennlinien (q, T_i) und (T_o, T_i). Neben den Schwingungen zum Einspritzbeginn und zum Ein-

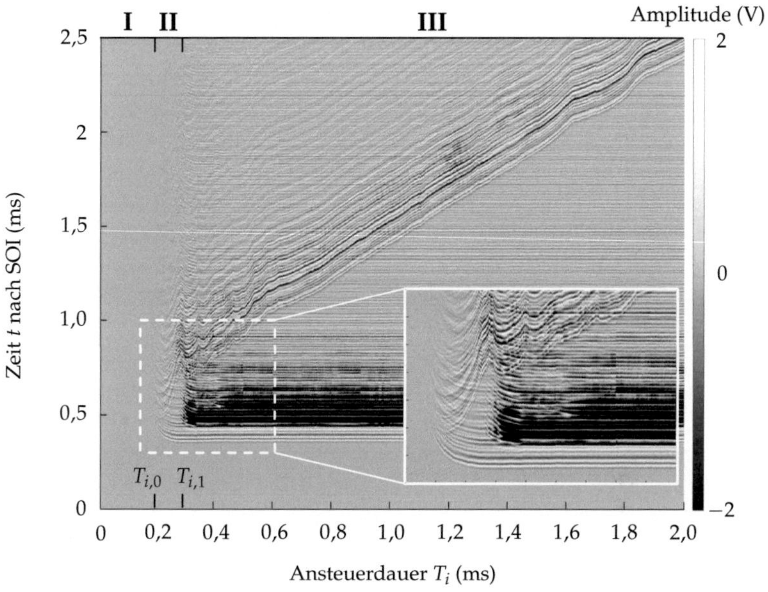

Abbildung 4.9 Körperschallemission während der Kraftstoffinjektion in Abhängigkeit der Ansteuerdauer T_i wie in [57]

spritzende tritt für Ansteuerdauern $T_i > T_{i,1}$ ein weiteres Ereignis ein: das Anschlagen des Ankers am Magnetkern. Wie in Abschnitt 3.2 ist auch hier die Einteilung des gesamten Ansteuerintervalls in die drei Bereiche I, II und III ersichtlich.

- **I** $(T_i < T_{i,0})$: Für diese Ansteuerdauern sind keine Körperschallemissionen festzustellen, da die Injektornadel nicht bewegt wird. Das bedeutet, dass keine Kraftstoffeinspritzung stattfindet.

- **II** $(T_{i,0} \leq T_i < T_{i,1})$: Im Teilhub-Bereich hebt sich die Nadel, ohne dass der Anker am Magnetkern anschlägt. Es treten die Ereignisse BOI und EOI auf. Der Auftrittszeitpunkt t_{BOI} ist im oberen Teilhub-Bereich unabhängig von T_i.

- **III** $(T_i \geq T_{i,1})$: Im Vollhub-Bereich tritt der Ankeranschlag (EPL) auf. Dieses Ereignis ist im Vergleich zu BOI und EOI mit einer höheren Signalenergie verbunden. Für den oberen Vollhub-

Bereich, $T_i > T_{hold} \approx 0{,}6\,\mathrm{ms}$, sind die Körperschallemissionen zum Einspritzbeginn, Einspritzende und Ankeranschlag für verschiedene Ansteuerdauern jeweils in hohem Maße ähnlich. Dies liegt daran, dass sich der Anker für $T_i > T_{hold}$ in einer festen Ruhelage am Magnetkern befindet. Somit fällt die Nadel aus einer definierten Höhe auf die Injektordüse, nachdem der Injektorstrom abnimmt und das Magnetfeld sich abgebaut. Die einzelnen Teilereignisse, aus denen das EPL-Ereignis aufgrund des Überschwingens der Injektornadel besteht, sind im Falle dieser Ansteuerdauern abgeschlossen ehe die Injektorspannung zurückgesetzt wird.

Ein Vergleich des (y, T_i)-Diagramms mit Abbildung 3.4 zeigt, dass die Verläufe (t_{BOI}, T_i), (t_{EPL}, T_i) und (t_{EOI}, T_i) deutlich erkennbar sind. Das (h, T_i)-Diagramm, das auf gleiche Weise aus den Nadelhubmessungen erstellt wurde wie das (y, T_i)-Diagramm aus den Körperschallsignalen, bestätigt dies ebenfalls, vgl. Abbildung 4.8. Daraus folgt, dass der während der Kraftstoffeinspritzung emittierte Körperschall die notwendige Information zur Schätzung der tatsächlichen Öffnungsdauer beinhaltet. Im nächsten Teilabschnitt wird ein Signalmodell für die Körperschallemissionen aufgestellt, das auf den bisherigen Erkenntnissen aufbaut.

4.4.2 Signalmodell

Gemäß Abschnitt 4.1.3 ist das Superpositionsprinzip für die vorliegende Problemstellung gültig. Das bedeutet, dass sich das Klopfsensorsignal $y(t)$ aus einzelnen Wellenpaketen $\Phi_{BOI}(t)$, $\Phi_{EPL}(t)$ und $\Phi_{EOI}(t)$ additiv zusammensetzt. Die Wellenpakete entsprechen den Körperschallemissionen zu den jeweiligen Ereignissen BOI, EPL und EOI. Wie diese Wellenpakete bestimmt werden können, wird im nächsten Abschnitt gezeigt. Dies wird durch Abbildung 4.10 bestätigt. Hier wurde das (y, T_i)-Diagramm des letzten Teilabschnitts durch simple Additions- und Subtraktionsoperationen in die einzelnen Wellenpakete zerlegt. Die Wellenpakete Φ_j ($j = $ BOI, EPL, EOI) sind in Abbildung 4.10 rechts dargestellt. Durch Addition der Φ_j lässt sich das (y, T_i)-Diagramm aus Abbildung 4.9 synthetisieren. Die Signalsynthese aus den einzelnen Wellenpaketen ist auf der linken Seite von Abbildung 4.10 zu sehen.

Den Betrachtungen zufolge kann nun folgende Aussage gemacht werden: Werden durch $\Phi_{BOI}(t)$, $\Phi_{EPL}(t)$ und $\Phi_{EOI}(t)$ die Wellenpakete der Körperschallemissionen zu den Ereignissen BOI, EPL und EOI beschrieben,

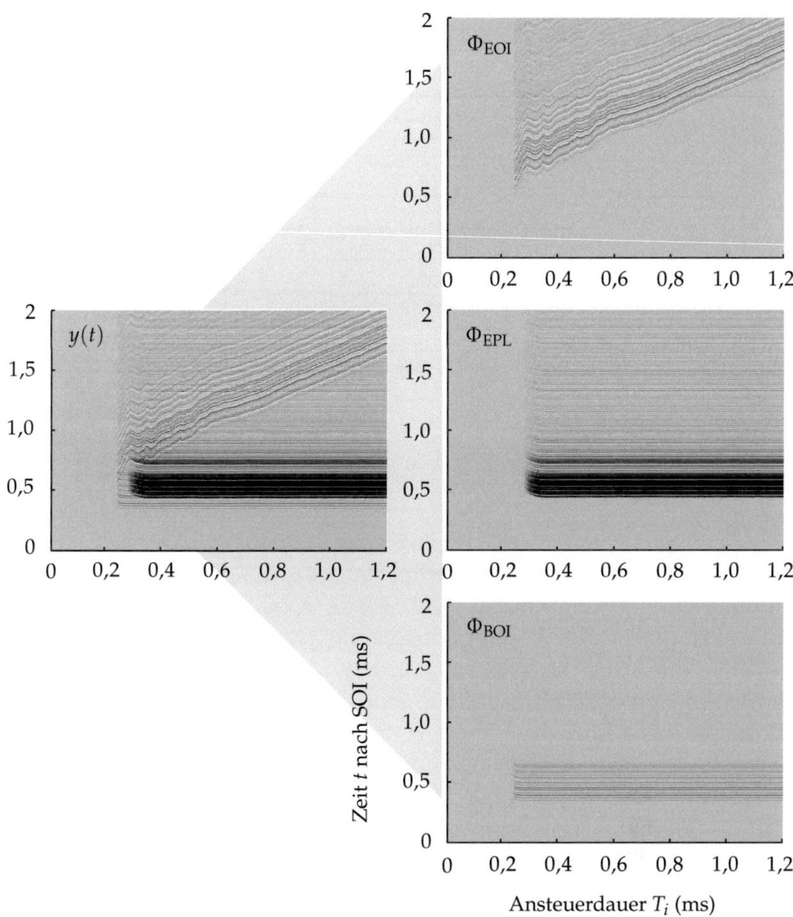

Abbildung 4.10 Synthese des Klopfsensorsignals $y(t)$ aus den Wellenpaketen $\Phi_i, i = \mathrm{BOI, EPL, EOI}$

so lässt sich das gesamte Körperschallsignal gemäß

$$\hat{y}(t) = c_{\mathrm{BOI}}\,\Phi_{\mathrm{BOI}}(t - t_{\mathrm{BOI}}) + c_{\mathrm{EPL}}\,\Phi_{\mathrm{EPL}}(t - t_{\mathrm{EPL}})$$
$$+ c_{\mathrm{EOI}}\,\Phi_{\mathrm{EOI}}(t - t_{\mathrm{EOI}}) + e(t) \tag{4.6}$$

synthetisieren, siehe Abbildung 4.11. Die Wellenpakete Φ_j sind dabei

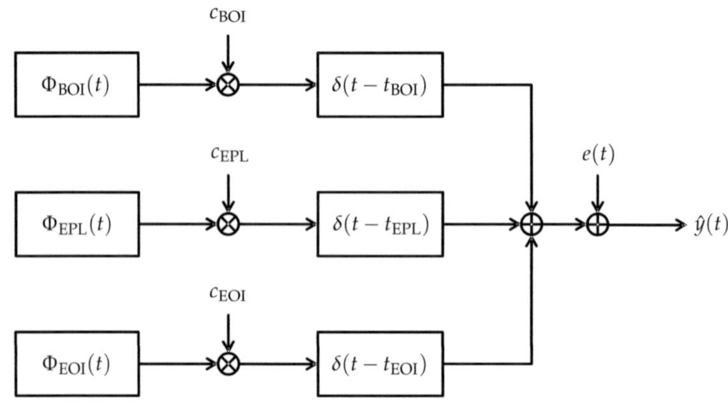

Abbildung 4.11 Synthetisiertes Körperschallsignal $\hat{y}(t)$ [54]

vom Kraftstoffdruck p und der Ansteuerdauer T_i abhängig. Aus diesem Grund erfolgt zunächst eine Multiplikation mit dem Faktor $c_j = c_j(T_i,p)$. Untersuchungen zeigten, dass sich die Druckabhängigkeit nicht wesentlich auf die Form der Wellenpakete auswirkt. Anschließend werden die Wellenpakete entsprechend den Auftrittszeitpunkten zeitlich verschoben und superponiert. Dazu wird die Störung $e(t)$ addiert, die im Allgemeinen einen Rauschprozess darstellt und im nächsten Kapitel genauer untersucht wird. Aus der Signalsynthese resultiert das Signal $\hat{y}(t)$.

Das allgemeine Signalmodell aus Gl. (4.6) lässt sich im Teilhub- und im Vollhub-Bereich jeweils vereinfachen. Für $T_i > T_{\mathrm{hold}}$ treten die Ereignisse BOI und EPL bei konstantem Kraftstoffdruck jeweils unabhängig von T_i zu den festen Zeitpunkten t_{BOI} bzw. t_{EPL} auf. Ein Vergleich der damit verbundenen Körperschallemissionen zu verschiedenen $T_i > T_{\mathrm{hold}}$ zeigt einen nahezu identischen Kurvenverlauf. Aus diesem Grund können $\Phi_{\mathrm{BOI}}(t)$ und $\Phi_{\mathrm{EPL}}(t)$ zu einem Wellenpaket $\Phi_{\mathrm{BPL}}(t)$ zusammengefasst werden. Das Signalmodell vereinfacht sich dadurch zu

$$\hat{y}_{\mathrm{III}}(t) = c_{\mathrm{BPL}}\, \Phi_{\mathrm{BPL}}(t - t_{\mathrm{BOI}}) + c_{\mathrm{EOI}}\, \Phi_{\mathrm{EOI}}(t - t_{\mathrm{EOI}}) + e(t)\,. \qquad (4.7)$$

Eine ähnliche Betrachtung lässt sich im Teilhub-Bereich anstellen. In diesem Ansteuerbereich treten nur die Ereignisse BOI und EOI auf. Somit gilt für den Teilhub-Bereich ($T_{i,0} < T_i < T_{i,1}$):

$$\hat{y}_{\mathrm{II}}(t) = c_{\mathrm{BOI}}\, \Phi_{\mathrm{BOI}}(t - t_{\mathrm{BOI}}) + c_{\mathrm{EOI}}\, \Phi_{\mathrm{EOI}}(t - t_{\mathrm{EOI}}) + e(t)\,. \qquad (4.8)$$

Im Ansteuerbereich $T_{i,1} < T_i < T_{\mathrm{hold}}$ ist eine exakte Beschreibung der Körperschallemission schwierig. Die nicht starre Verbindung von Injektornadel und Anker führt dazu, dass das Ereignis EPL mit mehreren Schlägen verbunden ist. Folglich ist in diesem Ansteuerbereich die Form des Wellenpakets $\Phi_{\mathrm{EPL}}(t)$ stark von T_i abhängig. Diese Problematik wird später nochmals in Kapitel 6 aufgegriffen.

4.4.3 Bestimmung der Wellenpakete

Es stellt sich nun die Frage, wie sich die Wellenpakete Φ_j für eine gegebene Injektor-Sensor-Kombination ermitteln lassen. Dazu wird eine Körperschallmessung zu einer langen Ansteuerdauer $T_i >> T_{\mathrm{hold}}$ betrachtet. In diesem Fall überlagern sich die Wellenpakete $\Phi_{\mathrm{BPL}}(t)$ und $\Phi_{\mathrm{EOI}}(t)$ nur unwesentlich. Diese können somit problemlos extrahiert werden. Abbildung 4.12 zeigt diesen Sachverhalt für eine Klopfsensormessung an einem laufenden Reihen-4-Zylinder BDE-Motor. Im oberen Diagramm sind $M = 50$ Messungen des Klopfsensorsignals in grau und deren Mittelwert in schwarz im Arbeitspunkt $(T_i = 1{,}2\,\mathrm{ms}, p = 12\,\mathrm{MPa})$ dargestellt. Die Messungen wurden jeweils über den Injektorstrom getriggert. Bei dieser Ansteuerdauer lassen sich bereits die Wellenpakete $\Phi_{\mathrm{BPL}}(t)$ und $\Phi_{\mathrm{EOI}}(t)$ trennen. Diese Wellenpakete sind in den mittleren zwei Graphen aufgezeichnet. Mit Hilfe der Wellenpakete $\Phi_{\mathrm{BPL}}(t)$ und $\Phi_{\mathrm{EOI}}(t)$ kann im Vollhub-Bereich ein Klopfsensorsignal $y(t)$ gemäß Gl. (4.7) synthetisiert werden. Beispielhaft ist dies für $T_i = 0{,}75\,\mathrm{ms}$ im unteren Graphen von Abbildung 4.12 abgebildet. Der Vergleich mit der Klopfsensormessung bei dieser Ansteuerdauer zeigt, dass die bei der Synthese auftretenden Abweichungen gering sind. Für den unteren Vollhub-Bereich $T_i < T_{\mathrm{hold}}$ ist es aufgrund des EPL-Ereignisses nur näherungsweise möglich, eine Musterfunktion $\Phi_{\mathrm{BPL}}(t)$ zu finden, die von T_i unabhängig ist. Im Teilhub-Bereich tritt das EPL-Ereignis nicht auf. Daher kann das extrahierte Wellenpaket $\Phi_{\mathrm{BPL}}(t)$ in diesem Ansteuerbereich nicht zur Signalsynthese verwendet werden. Für die Synthese nach Gl. (4.8) sind die Wellenpakete $\Phi_{\mathrm{BOI}}(t)$ und $\Phi_{\mathrm{EOI}}(t)$ erforderlich. Für das Einspritzende kann dasselbe Wellenpaket verwendet werden wie im Vollhub, obwohl die Fallhöhe der Nadel im Teilhub von der im Vollhub abweicht. Untersuchungen zeigten jedoch, dass der Unterschied vernachlässigbar klein ist. Zur Bestimmung von $\Phi_{\mathrm{BOI}}(t)$ werden Körperschallmessungen für verschiedene Ansteuerdauern des Teilhub-Bereichs durchgeführt. Werden diese Messungen in ein gemeinsames Diagramm eingetragen, so ist leicht ersichtlich, dass die

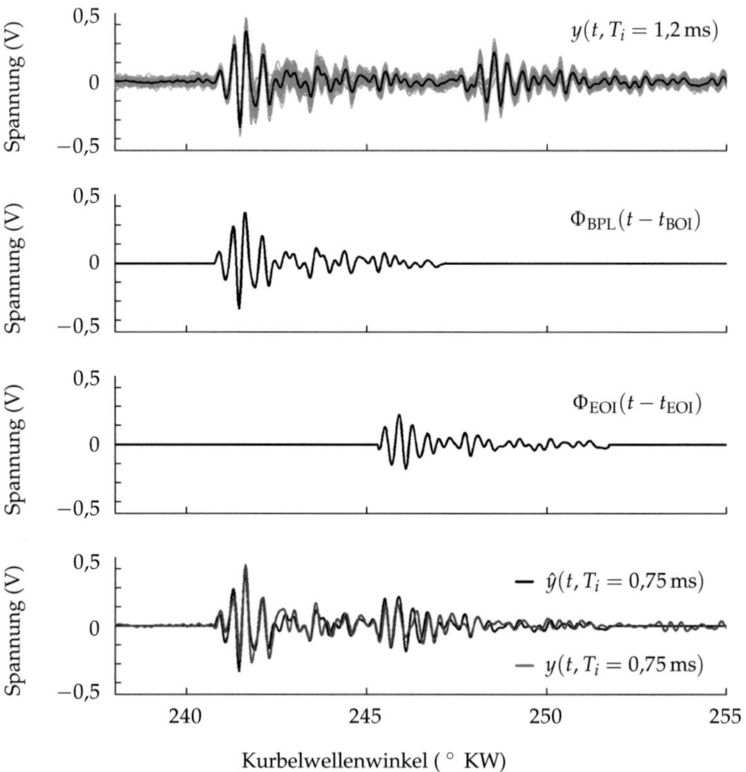

Abbildung 4.12 Extraktion der Wellenpakete $\Phi_{\mathrm{BPL}}(t)$, $\Phi_{\mathrm{EOI}}(t)$ bei $T_i = 1{,}2\,\mathrm{ms}$ und Vergleich des synthetisierten Signals $\hat{y}(t)$ mit Klopfsensormessung für $T_i = 0{,}75\,\mathrm{ms}$, $p = 12\,\mathrm{MPa}$

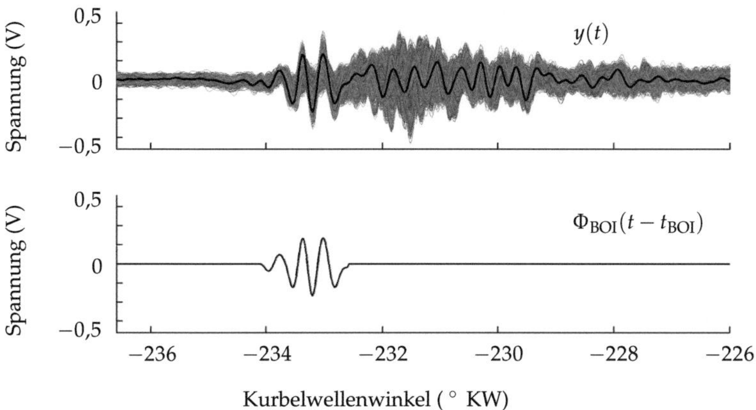

Abbildung 4.13 Extraktion des Wellenpakets $\Phi_{\text{BOI}}(t)$ im Teilhub: Klopfsensormessungen für $T_i = 0{,}25\,\text{ms}\ldots0{,}3\,\text{ms}$ (oben) und Musterfunktion $\Phi_{\text{BOI}}(t)$ (unten) für $p = 12\,\text{MPa}$

ersten Schwingungen nahezu identischen verlaufen. Mit Hilfe der Hauptkomponentenanalyse, wie sie später in Kapitel 6 behandelt wird, ist es möglich, aus diesen Messdaten eine Musterfunktion $\Phi_{\text{BOI}}(t)$ zu extrahieren.

4.5 Zeit-Frequenz-Analyse

Durch Vergleich verschiedener Körperschallsignale im (y, T_i)-Diagramm können die Zeitpunkte des Einspritzbeginns und des Einspritzendes bestimmt werden. In diesem Abschnitt soll die Körperschallemission bezüglich des Frequenzgehalts analysiert werden, um herauszufinden, ob eine Schätzung der Öffnungsdauer auch aus einem einzelnen Körperschallsignal möglich ist. Die Herausforderung, wie bereits deutlich wurde, liegt dabei in der Detektion des Einspritzendes, welches von vorangehenden Körperschallwellen überlagert wird.

Da es sich bei den betrachteten Körperschallsignalen um transiente, hoch nicht-stationäre Signale handelt, eignen sich Zeit-Frequenz-Darstellungen (ZFD) zur Signalanalyse. ZFDen liefern eine Aussage über den Frequenzgehalt eines Signals in Abhängigkeit der Zeit. Es gibt viele Ansätze zur Zeit-Frequenz-Analyse. Lineare ZFDen, wie die Kurzzeit-

Fourier-Transformation (STFT) und die Wavelet-Transformation (WT) finden breite Anwendung, unterliegen jedoch der Zeit-Frequenz-Unschärferelation. Diese macht es unmöglich, das zu analysierende Signal in der Zeit-Frequenz-Ebene sowohl in Zeitrichtung als auch in Frequenzrichtung ausreichend fein aufzulösen. Für die vorliegende Problemstellung, der zeitkritischen Detektion des Einspritzbeginns und des Einspritzendes, erweisen sich daher lineare ZFDen als ungeeignet. Aus diesem Grund werden im Folgenden quadratische ZFDen, basierend auf der Wigner-Ville-Verteilung (WVV) betrachtet, welche nicht zwangsläufig der Zeit-Frequenz-Unschärferelation unterliegen [10, 26].

4.5.1 Wigner-Ville-Verteilung

Die Wigner-Ville-Verteilung $W_{yy}(t, f)$ eines Signals $y(t)$ repräsentiert die Verteilung der Energiedichte über der gesamten Zeit-Frequenz-Ebene (t, f), $t \in [0, T)$ und $f \in [0, f_a/2)$. Im Folgenden wird analog zu [26] die Definition und einige Eigenschaften der Wigner-Ville-Verteilung vorgestellt.

Definition der Wigner-Ville-Verteilung

Die WVV wird anhand der Ambiguitätsfunktion $A_{yy}(\nu, \tau)$ (AF) definiert, welche einer zweidimensionalen Korrelationsfunktion entspricht [26]:

$$A_{yy}(\nu, \tau) = \int_{-\infty}^{\infty} y(t + \frac{\tau}{2})\, y^*(t - \frac{\tau}{2})\, \exp(j2\pi\nu t)\, dt \qquad (4.9)$$

$$= \mathcal{F}_\nu^{-1} \left\{ y(t + \frac{\tau}{2})\, y^*(t - \frac{\tau}{2}) \right\}, \qquad (4.10)$$

wobei τ die Zeitverschiebung und ν die Frequenzverschiebung ausdrückt. Für die Frequenzverschiebung $\nu = 0$ ergibt sich aus der Ambiguitätsfunktion die Autokorrelationsfunktion

$$r_{yy}(\tau) = A_{yy}(0, \tau). \qquad (4.11)$$

Die WVV entspricht der zweidimensionalen Fourier-Transformierten der Auto-Ambiguitätsfunktion bezüglich τ und ν:

$$W_{yy}(t, f) = \mathcal{F}_\tau \left\{ \mathcal{F}_\nu \left\{ A_{yy}(\nu, \tau) \right\} \right\} \qquad (4.12)$$

$$= \int_{-\infty}^{\infty} y(t + \frac{\tau}{2}) y^*(t - \frac{\tau}{2}) \exp(-j2\pi f\tau) d\tau. \qquad (4.13)$$

Im Falle einer diskreten Sequenz $y(n), n = 0, \ldots, N - 1$ mit der Abtastfrequenz f_a wird die WVV $W_{yy}(n, k)$ nach folgender Gleichung bestimmt:

$$W_{yy}(n, k) = 2 \cdot \sum_{m=-(N-1)}^{N-1} y(n + m)\, y(n - m)\, \exp\left(-\mathrm{j}4\pi km/N\right) . \quad (4.14)$$

Dabei bezeichnet $k = 0, \ldots, N - 1$ den diskreten Frequenzindex mit dem Zusammenhang $f = k\, f_a/N$.

Die WVV gibt an, wie sich die Energie E_y des Signals $y(t)$ in der Zeit-Frequenz-Ebene verteilt. Eine Integration der WVV über die Zeit und die Frequenz resultiert daher in der Signalenergie

$$E_y = \int_{-\infty}^{\infty} \int_{-\infty}^{\infty} W_{yy}(t, f)\mathrm{d}t\mathrm{d}f . \quad (4.15)$$

Der zeitliche Verlauf der Signalenergie in einem bestimmten Frequenzband $[f_1, f_2]$ bestimmt sich zu

$$E_y(t) = \int_{f_1}^{f_2} W_{yy}(t, f)\mathrm{d}f . \quad (4.16)$$

Im Gegensatz zur Kurzzeit-Fourier-Transformation und der Wavelet-Transformation berechnet sich die Wigner-Ville-Verteilung nicht durch eine Fensterung des Signals mit einem Zeit-Frequenz-Atom. Aus diesem Grund wird die Zeit-Frequenz-Auflösung der WVV nicht durch die Unschärferelation beeinträchtigt. Dennoch ist die praktische Anwendung der WVV stark eingeschränkt: Da es sich bei der WVV um eine quadratische ZFD handelt, bilden sich zwischen einzelnen Signalkomponenten Interferenzterme, sog. Kreuzterme.

Kreuzterme

Entspricht das Signal $y(t)$ einer Superposition

$$y(t) = \sum_{i=1}^{I} c_i\, y_i(t) \quad (4.17)$$

mehrerer Teilsignale $y_i(t)$ im Zeitbereich, was im Falle der betrachteten Körperschallsignale durchaus der Fall ist, so ergibt sich für die Wigner-

Ville-Verteilung eine gewichtete Summe von Kreuz-und Auto-Wigner-Ville-Verteilungen:

$$W_{yy}(t, f) = \sum_{i=1}^{I} \sum_{j=1}^{J} c_i c_j^* W_{y_i y_j}(t, f).$$ (4.18)

Die für $i \neq j$ entstehenden Interferenzterme entsprechen den Kreuztermen. Diese liegen in der Zeit-Frequenz-Ebene zwischen den jeweiligen Autotermen ($i = j$) und erschweren so eine Signalinterpretation oder machen diese sogar unmöglich, wie später in Abbildung 4.18 zu sehen sein wird. Im Gegensatz zu den Autotermen oszillieren die Kreuzterme innerhalb der Zeit-Frequenz-Ebene und können daher auch negative Werte annehmen. Die Unterdrückung der Kreuzterme ist für eine Analyse des Klopfsensorsignals innerhalb der Zeit-Frequenz-Ebene zwingend notwendig.

Das Problem der Kreuztermbildung soll zunächst an einem einfachen Beispiel verdeutlicht werden: Gegeben sei ein Signal

$$y(t) = y_1(t) + y_2(t)$$ (4.19)

das aus zwei zeit- und frequenzverschobenen Gaußimpulsen

$$y_1(t) = \exp\left(-\alpha \cdot (t - t_1)^2\right) \cdot \exp\left(j2\pi f_1 t\right),$$ (4.20)

$$y_2(t) = \exp\left(-\alpha \cdot (t - t_2)^2\right) \cdot \exp\left(j2\pi f_2 t\right)$$ (4.21)

besteht, wobei $\alpha > 1$ ein Dämpfungsparameter ist und $t, f \in \mathbb{R}$ gilt. Die Wigner-Ville-Verteilung $W_{yy}(t, f)$ und die Auto-Ambiguitätsfunktion $A_{yy}(\tau, \nu)$ sind in Abbildung 4.14 zu sehen. Bei diesem einfachen Beispielsignal können die Autoterme und die Kreuzterme gut voneinander unterschieden werden. Das obere Diagramm zeigt die Wigner-Ville-Verteilung des Signals $y(t)$. Die Autoterme, d. h. die zeit- und frequenzverschobenen Gaußimpulse $y_1(t)$ und $y_2(t)$, liegen bei (t_1, f_1) und (t_2, f_2). Bei der Wigner-Ville-Verteilung treten die Kreuzterme zwischen den Signaltermen $y_1(t)$ und $y_2(t)$ auf. In der Ambiguitätsebene finden sich die Autoterme im Ursprung ($\tau = 0$, $\nu = 0$). Die Kreuzterme liegen außerhalb des Ursprungs.

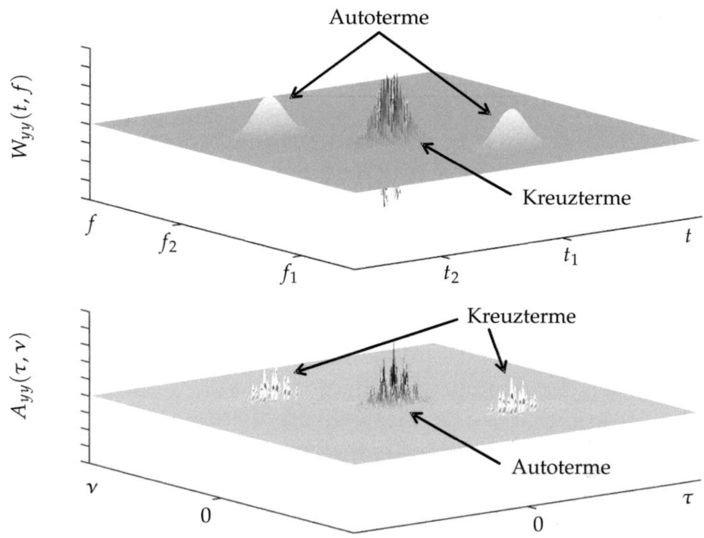

Abbildung 4.14 Autoterme und Kreuzterme bei der Wigner-Ville-Verteilung (oben) und in der Ambiguitätsebene (unten)

Verwendung des analytischen Signals

Durch die Verwendung des analytischen Signals

$$y_\mathrm{A}(t) = y(t) + \mathrm{j}\mathcal{H}\left\{y(t)\right\} \qquad (4.22)$$

lassen sich die Kreuzterme, welche sich zwischen den positiven und negativen Spektralanteilen des reellwertigen Signals $y(t)$ ergeben, eliminieren. Die Bestimmung des analytischen Signals, das nur für $f > 0$ Spektralanteile aufweist, erfolgt dabei mithilfe der Hilbert-Transformierten $\mathcal{H}\left\{y(t)\right\}$. In dieser Arbeit wird im Folgenden stets das analytische Signal $y_\mathrm{A}(t)$ anstelle des reellwertigen Signals $y(t)$ verwendet, ohne explizit darauf aufmerksam zu machen. Für eine Analyse der Klopfsensorsignale sind jedoch zusätzliche Methoden zur Kreuztermunterdrückung erforderlich.

Im Allgemeinen ist eine Trennung von Auto- und Kreuztermen nicht möglich, da sich diese auch gegenseitig überlagern können. Die Kreuzterme können aber durch eine Filterung mit einer zweidimensionalen Tiefpassfunktion in der Ambiguitätsebene unterdrückt werden, was man sich anhand Abbildung 4.14 verdeutlichen kann. Dies führt jedoch wieder zu Einbußen der Auflösung in Zeit- und Frequenzrichtung infolge des dabei auftretenden Leckeffekts. Es muss ein Kompromiss zwischen der Auflösung der ZFD und den resultierenden Kreuztermen gefunden werden, sodass eine Signalanalyse möglich ist, welche den hohen Anforderungen an die Genauigkeit genügt. Im Folgenden wird eine an das Körperschallsignal angepasste ZFD vorgestellt.

4.5.2 Choi-Williams-Verteilung

Zeit-Frequenz-Darstellungen aus der Cohen-Klasse ergeben sich durch Multiplikation der Ambiguitätsfunktion $A_{yy}(\nu, \tau)$ mit einer zweidimensionalen Kernfunktion $K(\nu, \tau)$, bevor die Fourier-Transformation angewandt wird. Ziel der Multiplikation von $A_{yy}(\nu, \tau)$ mit $K(\nu, \tau)$ ist die Dämpfung der Kreuzterme. Durch diese Operation nimmt aber die Auflösung in der Zeit-Frequenz-Ebene ab. Während die Autoterme von $A_{yy}(\nu, \tau)$ um den Ursprung ($\tau = 0$, $\nu = 0$) verteilt liegen, befinden sich die Kreuzterme außerhalb von diesem, wie es in Abbildung 4.14 anschaulich zu sehen ist. Die zweidimensionale Kernfunktion $K(\nu, \tau)$ hat daher die Aufgabe, die Autoterme um ($\tau = 0$, $\nu = 0$) möglichst unverändert zu lassen und die Kreuzterme zu dämpfen. Die Multiplikation mit $K(\nu, \tau)$ in der (ν, τ)-Ebene führt zu einer Dämpfung der oszillierenden Kreuzterme der WVV in der (t, f)-Ebene. Durch diese Operation ergibt sich aus Gl. (4.13)

$$\rho_{yy}(t, f) = \mathcal{F}_\tau \left\{ \mathcal{F}_\nu \left\{ A_{yy}(\nu, \tau) \cdot K(\nu, \tau) \right\} \right\}$$

$$= \mathcal{F}_\tau \left\{ y(t + \frac{\tau}{2}) \, y^*(t - \frac{\tau}{2}) \underset{t}{*} K(t, \tau) \right\} . \tag{4.23}$$

Die Multiplikation in der Ambiguitätsebene entspricht einer Faltung mit $K(t, \tau) = \mathcal{F}_\nu \left\{ K(\nu, \tau) \right\}$ im Zeit-Zeitverschiebungsbereich.

Die Choi-Williams-Verteilung (CWV) [11] ist ein Vertreter der Cohen-Klasse. Die CWV wird gemäß Gl. (4.23) mit der folgenden Kernfunktion berechnet:

$$K_{\mathrm{CW}}(\nu, \tau) = \exp\left(-\frac{\nu^2 \tau^2}{\sigma_K} \right) , \tag{4.24}$$

$$K_{\mathrm{CW}}(t, \tau) = \frac{\sqrt{\pi \sigma_K}}{|\tau|} \exp\left(-\frac{\pi^2 \sigma_K t^2}{\tau^2} \right) . \tag{4.25}$$

Der Parameter σ_K bestimmt die Breite der Kernfunktion. Die Wahl des Parameters σ_K hat direkten Einfluss auf den oben erwähnten Kompromiss zwischen der Unterdrückung von Kreuztermen und einer feinen Auflösung in der Zeit-Frequenz-Ebene. Da die Kernfunktion $K_{CW}(\nu, \tau)$ die Bedingung

$$K^*(-\nu, -\tau) = K(\nu, \tau) \tag{4.26}$$

erfüllt, handelt es sich bei der Choi-Williams-Verteilung um eine reelle Verteilung.

Neben der Filterung mit der Kernfunktion K_{CW} wird eine zusätzliche Multiplikation mit einem Hamming-Fenster $g(t)$ bezüglich der Zeit t und mit einem Hann-Fenster $h(\tau)$ bezüglich der Zeitverschiebung τ zur Unterdrückung der Kreuzterme durchgeführt. Für die Kernfunktion ergibt sich somit

$$K(t, \tau) = g(t) \cdot h(\tau) \cdot K_{CW}(t, \tau). \tag{4.27}$$

Im Folgenden wird in diesem Fall stets von der Smoothed-Choi-Williams-Verteilung (SCWV) gesprochen. Die Kernfunktionen der CWV und der SCWV sind in Abbildung 4.15 in der Ambiguitätsebene zu sehen. Die Au-

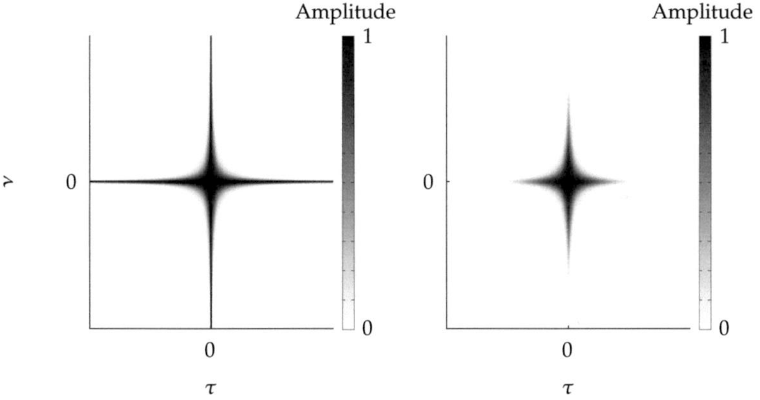

Abbildung 4.15 Kernfunktionen der Choi-Williams-Verteilung (links) und der Smoothed-Choi-Williams-Verteilung (rechts)

toterme, die sich um den Ursprung herum in der (ν, τ)-Ebene befinden, werden von der Multiplikation mit der Kernfunktion nicht beeinträchtigt. Da es sich bei den betrachteten Körperschallsignalen um Schwingungen handelt, liegen auch im Abstand von Vielfachen der Perioden-dauer der Grundschwingung Autoterme auf der τ-Achse. Dies ist aufgrund des Zusammenhangs aus Gl. (4.11) einsichtig. Diese Autoterme dürfen nicht gedämpft werden. Daher eignet sich der Einsatz der CWV und der SCWV besonders für Analyse der Körperschallsignale. Im Folgenden wird die SCWV der einfachen CWV vorgezogen, da die zusätzliche Anwendung der Fensterfunktionen $h(\tau)$ und $g(t)$ weitere Möglichkeiten zur Signalanpassung bieten und sich die CWV als Spezialfall der SCWV für $h(\tau) = g(t) = 1$ ergibt.

Im zeitdiskreten Fall berechnet sich die ZFD nach [10] anhand von

$$\rho_{yy}(n,k) = 2 \cdot \sum_{m=-(N-1)}^{N-1} K(n,m) \underset{n}{*} (y(n+m)\, y(n-m))$$

$$\cdot \exp\left(-\mathrm{j}4\pi km/N\right), \tag{4.28}$$

mit

$$K(n,m) = g(n) \cdot h(m) \cdot \frac{\sqrt{\pi\sigma}}{2|m|} \exp\left(-\frac{\pi^2 \sigma_K n^2}{4m^2}\right). \tag{4.29}$$

Die Filterung der Kreuzterme und die Auflösung in der Zeit-Frequenz-Ebene hängt von der Breite σ_K der Kernfunktion und den Längen T_g und T_h der Fensterfunktionen $g(t)$ bzw. $h(\tau)$ ab. Eine entsprechende Wahl dieser Parameter ist entscheidend für eine präzise Analyse der Körperschallsignale. Wie die ZFD durch eine sinnvolle Wahl der Parameter an das zu analysierende Messsignal angepasst werden kann, wird in Teilabschnitt 4.5.6 besprochen.

4.5.3 Born-Jordan-Verteilung

Eine Alternative zur Choi-Williams-Verteilung stellt die Born-Jordan-Verteilung (BJV) dar. Die BJV gehört wie die CWV zu den Zeit-Frequenz-Darstellungen aus der Cohen-Klasse. Die Berechnung erfolgt daher ebenfalls nach Gl. (4.23). Im Falle der BJV ist die zweidimensionale, kompakte Kernfunktion eine Sinc-Funktion:

$$K_{\mathrm{BJ}}(\nu,\tau) = \mathrm{sinc}(2\alpha\nu\tau) = \frac{\sin(2\alpha\nu\tau)}{2\alpha\nu\tau} \tag{4.30}$$

$$K_{\mathrm{BJ}}(t,\tau) = \mathcal{F}_\nu\{K_{\mathrm{BJ}}(\nu,\tau)\} = \frac{1}{|2\alpha\tau|}\mathrm{rect}_{2\alpha\tau}(t). \tag{4.31}$$

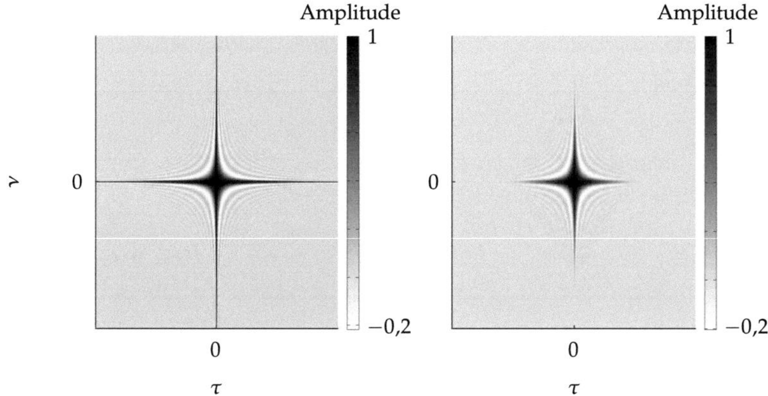

Abbildung 4.16 Kernfunktionen der Born-Jordan-Verteilung (links) und der Smoothed-Born-Jordan-Verteilung (rechts)

In Abbildung 4.16 ist eine solche Kernfunktion dargestellt. Zu beachten ist, dass die Kernfunktion auch negative Werte aufgrund des oszillierenden Verhaltens der Sinc-Funktion enthält. Da diese Kernfunktion ebenfalls die Bedingung aus Gl. (4.26) erfüllt, erhält man eine reelle Autoverteilung. Die Born-Jordan-Verteilung ist, wie die Choi-Williams-Verteilung, invariant gegenüber Zeit- und Frequenzverschiebungen. Je größer der Parameter α gewählt wird, desto besser werden die Kreuzterme in der Zeit-Frequenz-Ebene unterdrückt. Allerdings nimmt der Leckeffekt zu. Durch eine zusätzliche Multiplikation mit einem Hamming-Fenster $g(t)$ bezüglich der Zeit t und mit einem Hann-Fenster $h(\tau)$ bezüglich der Zeitverschiebung τ erhält man die Smoothed-Born-Jordan-Verteilung (SBJV). Die Kernfunktion der SBJV ist ebenfalls in Abbildung 4.16 zu sehen.

4.5.4 S-Methode

In [10] wird die S-Methode vorgestellt, die auf der Kurzzeit-Fourier-Transformation beruht und zu den quadratischen Integraltransformationen zählt. Die S-Methode eines Signals $y(t)$ ergibt sich aus der Faltung der Kurzzeit-Fourier-Transformierten $F_y^y(t, f)$ mit ihrer konjugiert komplexen Form und gleichzeitiger Multiplikation mit einer Fensterfunktion

$P(v)$:

$$\mathcal{S}_{yy}(t,f) = 2 \int_{-\infty}^{\infty} P(v)\, F_y^{\gamma}(t, f+v)\, F_y^{\gamma *}(t, f-v)\, \mathrm{d}v\,. \tag{4.32}$$

Hierbei bezeichnet $F_y^{\gamma}(t,f)$ analog zu [26] die Kurzzeit-Fourier-Transformierte bezüglich des Analysefensters $\gamma(t)$.

Anhand der Fensterfunktion $P(v)$ lässt sich die Zeit-Frequenz-Darstellung anpassen. Analog zu [10] ergeben sich zwei Grenzfälle für die S-Methode: Für $P(v) = 1$ erhält man eine gefensterte Wigner-Ville-Verteilung und für $P(v) = 0{,}5 \cdot \delta(v)$ ergibt sich ein Spektrogramm, das dem Betragsquadrat der Kurzzeit-Fourier-Transformierten entspricht und daher keine Kreuzterme aufweist. Da sich die S-Methode laut Gl. (4.32) direkt aus der Kurzzeit-Fourier-Transformierten berechnet, ist diese auch von der Fensterfunktion $\gamma(t)$ und deren effektiver Zeitdauer abhängig.

Die diskrete Berechnung der S-Methode ergibt sich bei Verwendung eines Rechteckfensters $P(l) = \mathrm{rect}_{2L_P+1}(l)$ der Länge $2L_P + 1$ zu

$$\mathcal{S}_{yy}(n,k) = 2\left[\left|F_y^{\gamma *}(n,k)\right|^2 + 2\,\mathrm{Re}\left\{\sum_{i=1}^{L_P} F_y^{\gamma}(n, k+i)\, F_y^{* \gamma}(n, k-i)\right\}\right]. \tag{4.33}$$

Die diskrete Kurzzeit-Fourier-Transformation berechnet sich dabei nach [26] wie folgt:

$$F_y^{\gamma}(m,k) = \sum_{n=0}^{N-1} y(n)\gamma^*(n-m)\exp(-\mathrm{j}2\pi nk/N)\,. \tag{4.34}$$

Im Gegensatz zur CWV und BJV lässt sich die S-Methode einfach implementieren. Durch die Variation der Länge des Rechteckfensters L_P kann die Zeit-Frequenz-Darstellung an das zu analysierende Signal angepasst werden, um einen Kompromis zwischen der Kreuztermbildung und der Zeit-Frequenz-Unschärfe zu finden.

4.5.5 Vergleich der Verfahren

In diesem Abschnitt erfolgt ein Vergleich der vorgestellten Zeit-Frequenz-Verteilungen

- Choi-Williams-Verteilung (CWV),

- Born-Jordan-Verteilung (BJV),

- S-Methode,

um die geeignetste Methode für die spätere Analyse der Körperschallsignale auszuwählen. Zur Erläuterung der wesentlichen Unterschiede
der Zeit-Frequenz-Darstellungen wird exemplarisch ein Körperschallsignal aus dem Vollhub-Bereich betrachtet. Bei der Beurteilung der Verfahren ist die Genauigkeit entscheidend, mit der die einzelnen Ereignisse
während der Kraftstoffeinspitzung in der Zeit-Frequenz-Ebene erkennbar sind. Dazu ist eine hohe Auflösung und ein geringer Einfluss an
Kreuztermen in Zeitrichtung notwendig. Bei der Frequenzauflösung können dagegen Abstriche gemacht werden.

Zum Vergleich der drei Verfahren wird im Falle der S-Methode die
Fensterlänge $T_\gamma = 160\,\mu s$ gewählt. Je größer die effektive Zeitdauer des
Fensters, desto schärfer die Frequenzauflösung und desto schlechter die
Zeitauflösung.

Die Fensterlänge des Hann-Fensters $h(\tau)$ für die Choi-Williams-
Verteilung und die Born-Jordan-Verteilung wird auf $T_h = 180\,\mu s$ festgelegt, was laut [26] einer effektiven Zeitdauer $T_{\mathrm{eff},h} = 90\,\mu s$ entspricht.
Das Hamming-Fenster $g(t)$ zur Unterdrückung der Kreuzterme in Frequenzrichtung hat die Länge $T_g = 120\,\mu s$ bzw. eine effektive Zeitdauer
$T_{\mathrm{eff},g} = 65\,\mu s$. Eine Dämpfung der Kreuzterme in Zeitrichtung verstärkt
den Leckeffekt in Frequenzrichtung. Die Dämpfung der Kreuzterme in
Frequenzrichtung führt entsprechend zu einem Leckeffekt in Zeitrichtung.

Abbildung 4.17 zeigt die Beträge der Smoothed-Choi-Williams-
Verteilung und der S-Methode für ein Klopfsensorsignal im Arbeitspunkt
($T_i = 0{,}7\,\mathrm{ms}$, $p = 10\,\mathrm{MPa}$. Das Ergebnis der Smoothed-Born-Jordan-
Verteilung ist nahezu identisch mit dem der SCWV. Aus diesem Grund
wird auf die Darstellung der SBJV verzichtet. Die Darstellungen sind je-
weils auf ihr Maximum normiert und in logarithmierter Form dargestellt.
Hohe Signalenergien in der Zeit-Frequenz-Ebene sind mit dunkler Farbe
gekennzeichnet. Da hier, wie auch bei allen folgenden Zeit-Frequenz-
Analysen der Körperschallsignale, die absoluten Amplitudenwerte nicht
von Interesse sind, wird übersichtlichkeitshalber auf die Angabe der
Farbskala verzichtet. Die Auflösung der S-Methode ist im Vergleich
zu den anderen beiden Verfahren geringer. Die Frequenz-Unschärfe ist

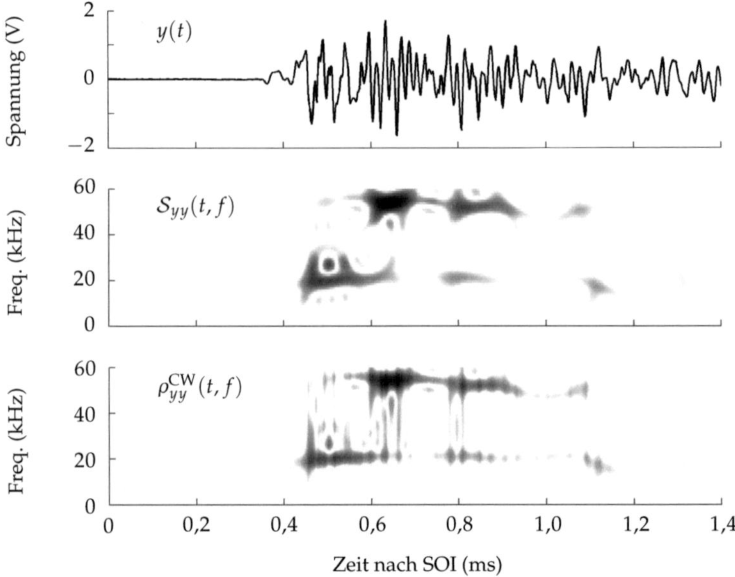

Abbildung 4.17 Zeit-Frequenz-Analyse des während des Einspritzvorgangs emittierten Körperschalls $y(t)$: S-Methode $\mathcal{S}_{yy}(t,f)$ und Smoothed-Choi-Williams-Verteilung $\rho_{yy}(t,f)$

deutlich größer und die Zeitauflösung ist ebenfalls schlechter. Dafür treten bei der S-Methode merklich weniger Kreuzterme auf. Diese sind bei der SCWV vor allem in Frequenz-Richtung zu erkennen. Tabelle 4.1 gibt einen kurzen Überblick über die Vor- und Nachteile der vorgestellten Zeit-Frequenz-Verfahren. Unter Berücksichtigung der Tatsache, dass der Rechenaufwand keine entscheidende Rolle bei der grundsätzlichen Analyse des Klopfsensorsignals spielt und die Choi-Williams-Verteilung die bessere Zeit-Frequenz-Auflösung aufweist, wird diese im Folgenden zur Analyse des Klopfsensorsignals verwendet.

4.5.6 Parameterwahl

Die Zeit-Frequenz-Darstellung $\rho_{yy}(t,f)$ kann durch eine geeignete Wahl der Parameter σ_K, T_g und T_h gemäß den gewünschten Anforderungen an das zu analysierende Signal angepasst werden. Das Zeitfenster $g(t)$ aus

Verfahren	Aufwand	Schärfe	Kreuzterme
S-Methode	$+$	$-$	$+$
SCWV	$-$	$+$	$-$
SBJV	$-$	$+$	$-$

Tabelle 4.1 Vor- und Nachteile der verschiedenen Zeit-Frequenz-Verfahren

Gl. (4.27) entspricht einem Dopplerfenster $g(\nu)$ in der Ambiguitätsebene. Durch diese Fensterung werden Kreuzterme zwischen frequenzverschobenen Signalkomponenten unterdrückt. In Zeitrichtung wird dadurch allerdings die Auflösung beeinträchtigt. Die Multiplikation mit der Fensterfunktion $h(\tau)$ unterdrückt Kreuzterme zwischen zeitverschobenen Signalkomponenten und mindert die Auflösung in Frequenzrichtung.

Im Falle der Zeit-Frequenz-Analyse der Körperschallsignale ist eine möglichst hohe Auflösung und eine starke Unterdrückung von Kreuztermen in Zeitrichtung erwünscht. Nur so ist eine zeitlich präzise Detektion des Einspritzbeginns und des Einspritzendes möglich. Die daraus zwangsläufig resultierende Kreuztermbildung zwischen frequenzverschobenen Signalanteilen sowie die schlechtere Auflösung in Frequenzrichtung sind hinnehmbar. Das bedeutet, dass die Länge T_g der Fensterfunktion $g(t)$ nicht zu lange sein darf, damit der Leckeffekt in zeitlicher Richtung nur geringen Einfluss hat. Die Länge T_h von $h(\tau)$ muss kurz genug sein, um die Bildung von Kreuztermen zwischen zeitverschobenen Signalkomponenten weitestgehend zu vermeiden. Zur Analyse der Körperschallsignale erweisen sich $T_g \approx 100 \ldots 500\,\mu\mathrm{s}$ und $T_h \approx 120 \ldots 200\,\mu\mathrm{s}$ als eine gute Wahl. Dies entspricht den effektiven Zeitdauern $T_{\mathrm{eff},g} = 54 \ldots 270\,\mu\mathrm{s}$ und $T_{\mathrm{eff},h} = 60 \ldots 100\,\mu\mathrm{s}$.

Um einen adäquaten Wert für die Kernbreite σ_K zu erhalten, wird ein quantitatives Gütemaß für die angepasste Zeit-Frequenz-Darstellung angewandt. Die Güte berücksichtigt die Konzentration der Signalenergie und die Unterdrückung der Kreuzterme. Zunächst wird die Signalenergie normiert

$$E_y = \int_{-\infty}^{\infty} \int_{-\infty}^{\infty} \rho_{yy}(t,f)\,\mathrm{d}t\,\mathrm{d}f \overset{!}{=} 1 . \tag{4.35}$$

Daraufhin wird ein Kriterium für die Konzentration der Signalenergie in der Zeit-Frequenz-Ebene analog zu [10] formuliert:

$$\Omega = \left(\int_{-\infty}^{\infty} \int_{-\infty}^{\infty} |\rho_{yy}(t,f)|^{\frac{1}{2}} \, dt \, df \right)^2 . \qquad (4.36)$$

Kleine Werte für Ω weisen auf eine kompakt konzentrierte Verteilung der Signalenergie und daher auf einen guten Kompromiss zwischen Auflösung und Kreuztermunterdrückung hin. Einen optimalen Wert für σ_K erhält man durch Minimierung von Gl. (4.36). Für die betrachteten Fensterlängen T_g, T_h und eine Abtastfrequenz $f_a = 500\,\text{kHz}$ ergibt sich bei der Analyse der Körperschallsignale $\sigma_K = 8 \ldots 9$.
Um die Leistungsfähigkeit der vorgestellten Methode zu demonstrieren, wird die Messung des Klopfsensorsignals aus Abbildung 3.7 einer Zeit-Frequenz-Analyse unterzogen. Neben der angepassten ZFD $\rho_{yy}(t,f)$ erfolgt eine Signalanalyse anhand der Kurzeit-Fourier-Transformation $F_y^{\gamma}(t,f)$ und der Wigner-Ville-Verteilung $W_{yy}(t,f)$. Das Ergebnis ist in Abbildung 4.18 dargestellt. Wie zuvor sind hohe Signalenergien dunkel eingefärbt. Während die STFT eine ungenügende Auflösung des Klopfsensorsignals in der Zeit-Frequenz-Ebene aufweist, ist die Signalinterpretation bei der Wigner-Ville-Verteilung aufgrund der hohen Anzahl an Kreuztermen praktisch unmöglich. Einen Kompromiss bietet die hergeleitete ZFD $\rho_{yy}(t,f)$, die eine hohe Genauigkeit in Zeitrichtung besitzt und Kreuzterme sowie Unschärfe in Frequenzrichtung bedingt zulässt.

4.5.7 Analyse des Einspritzvorgangs

Die Körperschallemissionen während der Kraftstoffeinspritzung werden nun mit Hilfe der Zeit-Frequenz-Darstellung $\rho_{yy}(t,f)$ analysiert [52]. Untersucht werden die Klopfsensorsignale, die wie in Abschnitt 4.3 beschrieben aufgezeichnet wurden. Mit Hilfe der simultan als Referenz aufgenommenen Nadelbewegung $h(t)$ können die Zeitbereiche um t_{BOI} und vor allem um t_{EOI} einer genauen Signalanalyse unterzogen werden. Die Analyse des Einspritzendes steht dabei im Vordergrund, da dieses im Zeitverlauf von $y(t)$ im Allgemeinen nicht detektiert werden kann. Betrachtet werden exemplarisch jeweils ein Arbeitspunkt aus dem Vollhub-Bereich ($T_i \geq T_{i,1}$) sowie ein Arbeitspunkt aus dem Teilhub-Bereich ($T_{i,0} \leq T_i < T_{i,1}$) des gleichen Injektortyps bei einem Kraftstoffdruck von $p = 10\,\text{MPa}$. Die Injektortemperatur Θ_{inj} sei im Folgenden stets konstant. Die Abbildungen 4.19 und 4.20 geben jeweils einen zeitlichen Vergleich des Verlaufs des Nadelhubs $h(t)$ und des Klopfsensor-

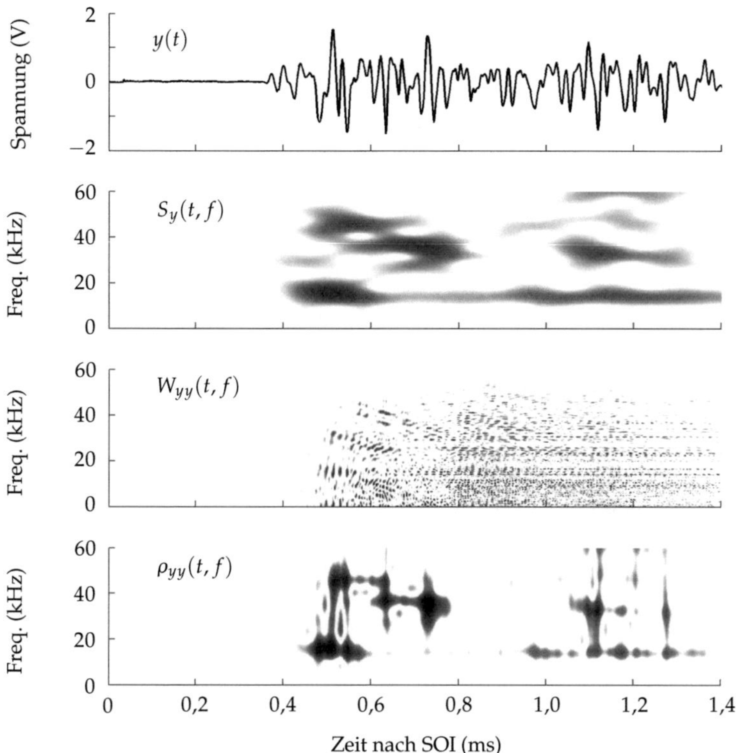

Abbildung 4.18 Zeit-Frequenz-Analyse des während des Einspritzvorgangs emittierten Körperschalls $y(t)$: Spektrogramm $S_y(t,f)$, Wigner-Ville-Verteilung $W_{yy}(t,f)$ und eine angepasste Darstellung aus der Cohen-Klasse $\rho_{yy}(t,f)$

signals $y(t)$ wider. Die korrespondierenden Zeit-Frequenz-Darstellungen $\rho_{hh}(t,f)$ des Nadelhubs und $\rho_{yy}(t,f)$ des Klopfsensorsignals sind ebenfalls in den Abbildungen zu sehen. Anhand dieser können die angeregten Frequenzen den einzelnen Ereignissen BOI, EPL und EOI zugeordnet werden.

Der Einspritzbeginn kann direkt aus dem zeitlichen Verlauf des Klopfsensorsignals bestimmt werden. Die Signalenergie zum Auftrittszeitpunkt des BOI ist im Vergleich zu der des EPL und des EOI deutlich schwä-

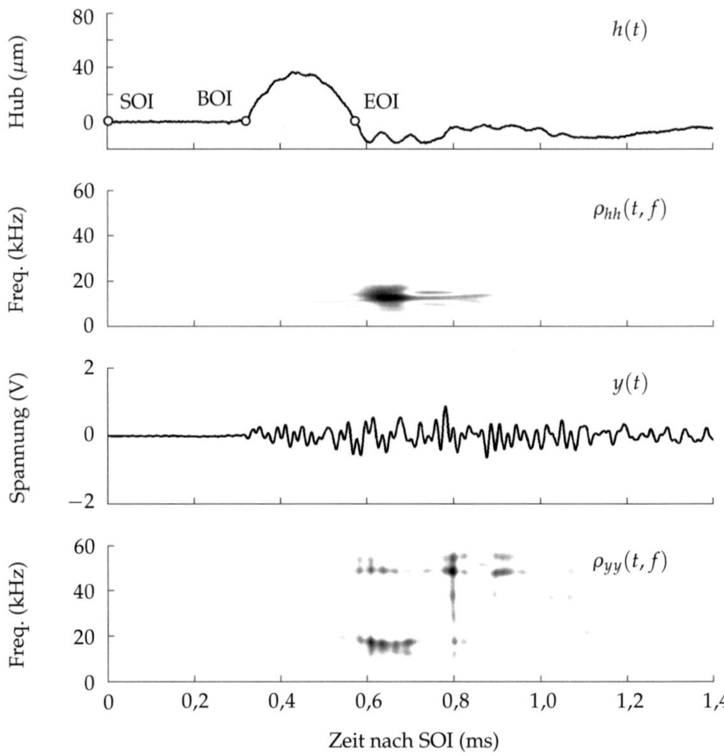

Abbildung 4.19 Vergleich von Nadelhubmessung $h(t)$ mit Klopfsensorsignal $y(t)$ auf Zylinderkopf für $T_i = 0{,}27\,\mathrm{ms}$ und $p = 10\,\mathrm{MPa}$ [52]

cher. Aufgrund der Wahl der Farbskala ist das BOI-Ereignis in den Zeit-Freqenz-Darstellungen nicht zu erkennen.

Wie bereits in Abschnitt 3.1.4 dargestellt, prellt die Injektornadel des hier betrachteten Injektortyps zum Einspritzende mit Frequenzen um $f_p \approx 15\,\mathrm{kHz}$ nach. Etwas höhere Frequenzen ($f \approx 20\,\mathrm{kHz}$) treten beim Anschlag des Ankers am Magnetkern auf. Die damit verbundenen Schallemissionen sind, im Vergleich, energetisch stärker und überlagern die Schallwellen des EOI. Dies ist vor allem im Zeitintervall $t = 0{,}4\,\mathrm{ms}, \ldots, 0{,}6\,\mathrm{ms}$ nach Ansteuerbeginn bei $T_i = 0{,}7\,\mathrm{ms}$ zu sehen. Ist die Zeitdauer zwischen Ankeranschlag und Einspritzende sehr klein, wird die EOI-Detektion stark erschwert. Bei einem Kraftstoff-

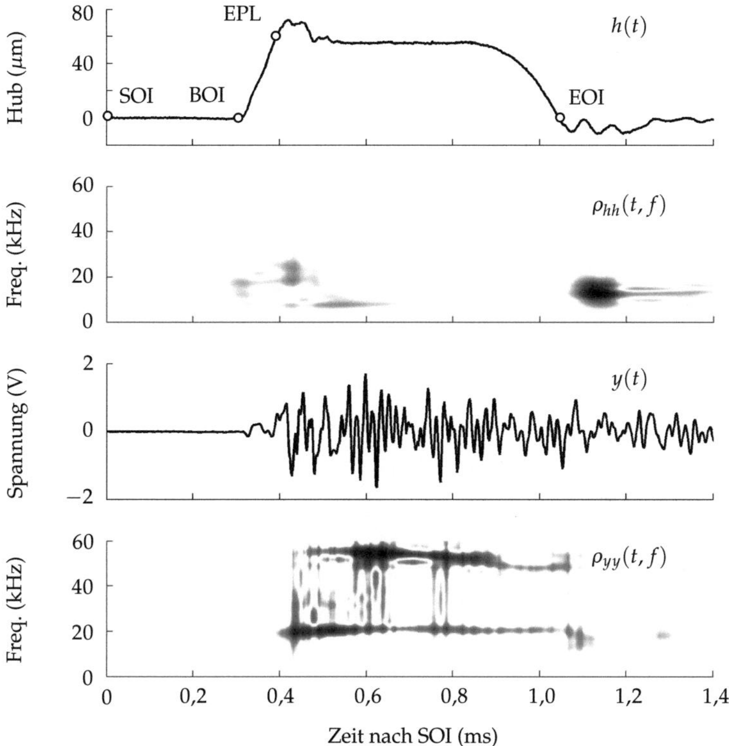

Abbildung 4.20 Vergleich von Nadelhubmessung $h(t)$ mit Klopfsensorsignal $y(t)$ auf Zylinderkopf für $T_i = 0,7\,\mathrm{ms}$ und $p = 10\,\mathrm{MPa}$ [52]

druck von $p = 10\,\mathrm{MPa}$ wäre dies für Ansteuerdauern im Bereich von $T_i = 0,3 \ldots 0,5\,\mathrm{ms}$ der Fall. Durch Vergleichsmessungen mit dem Beschleunigungssensor aus Abschnitt 4.2.2 konnte gezeigt werden, dass es sich bei den auftretenden Frequenzen $f \approx 50\,\mathrm{kHz}$ um eine Sensorresonanz des Klopfsensors handelt. Die Energieanteile zwischen $f \approx 20\,\mathrm{kHz}$ und $f \approx 50\,\mathrm{kHz}$ sind größtenteils Kreuztermen zuzuordnen. Wie in Abschnitt 4.5.6 gezeigt, werden die Parameter der ZFD so gewählt, dass in Zeitrichtung eine hohe Auflösung bei geringer Kreuztermbildung vorliegt. Dies führt zu einer schlechteren Auflösung und einem erhöhten Vorkommen von Kreuztermen in Frequenzrichtung.

Fazit

Schon die Signaldarstellung im (y, T_i)-Diagramm machte deutlich, dass die Auftrittszeitpunkte des Einspritzbeginns und des Einspritzendes t_{BOI} bzw. t_{EOI} anhand des emittierten Körperschalls bestimmt werden können. Die Zeit-Frequenz-Analyse mittels der hergeleiteten Methode gibt eine genaue Übersicht über die angeregten Frequenzen auf dem Zylinderkopf während der Kraftstoffeinspritzung. So ist vor allem die Prellfrequenz $f_{\mathrm{P}} \approx 15\,\mathrm{kHz}$ zum Einspritzende im Körperschallsignal zu erkennen. Die Messungen an der Prüfbank aus Abschnitt 4.3 zeigen zudem, dass sich für die Aufgabe der Öffnungsdauerschätzung ein Klopfsensor zur Körperschallaufnahme eignet. Das nächste Kapitel wird auf die hier gewonnenen Erkenntnisse aufbauen und das Klopfsensorsignal auf dem Zylinderkurbelgehäuse im Motorbetrieb untersuchen.

5 Klopfsensorsignal im Motorlauf

Bisher wurden die Körperschallemissionen an Prüfständen direkt am Injektor und auf dem Zylinderkopf in unmittelbarer Nähe des Injektors untersucht. Als Schallaufnehmer wurde der Klopfsensor verwendet. Es stellte sich heraus, dass sich dieser für die Schätzung der tatsächlichen Öffnungsdauer eignet. In diesem Kapitel soll nun das Klopfsensorsignal auf dem Zylinderkurbelgehäuse unter den realen Bedingungen des Motorlaufs genauer analysiert werden.

Standardmäßig sind auf Verbrennungsmotoren mit Benzin-Direkteinspritzung Klopfsensoren verbaut. Diese befinden sich auf dem Zylinderkurbelgehäuse und dienen der Überwachung des Verbrennungsprozesses [8]. In dieser Arbeit werden ausschließlich Reihen-4-Zylinder BDE-Motoren untersucht. Diese Motortypen verfügen je nach Ausführung über einen oder zwei Klopfsensoren. Abbildung 5.1 gibt hierzu einen Überblick. Dargestellt sind der Zylinderkopf, die Zylinderkopfdichtung und das Zylinderkurbelgehäuse eines BDE-Motors vom Typ Volkswagen EA111. Die Magnet-Injektoren sind auf den Ventilsitzen des Zylinderkopfs montiert. Wie bereits gezeigt wurde, kommt es während der Kraftstoffeinspritzung zur Schallausbreitung auf dem Zylinderkopf. Diese Schallwellen breiten sich bis zum Zylinderkurbelgehäuse aus, wo die Klopfsensoren auf der Oberfläche befestigt sind. Im Rahmen der Untersuchungen wurden die drei Sensorpositionen A,B und C näher betrachtet.

Es ist von großem Interesse, ob sich die standardmäßig verbauten Klopfsensoren zur Schätzung der Öffnungsdauer des Magnet-Injektors eignen. Ist dies der Fall, so kann eine Injektorkalibrierung realisiert werden, die keine zusätzliche Sensorik und keine konstruktiven Veränderungen am Verbrennungsaggregat erfordert. Um die Verwendbarkeit der standardmäßig verbauten Klopfsensoren für die Schätzung der tatsächlichen Einspritzdauer nachzuweisen, müssen folgende Aspekte genauer untersucht werden: zum einen die Körperschallübertragung von Injektor zu Sensor und zum anderen die Störeinflüsse, die im realen Motorbetrieb vom Sensor erfasst werden.

In diesem Kapitel werden daher zunächst Klopfsensormessungen auf

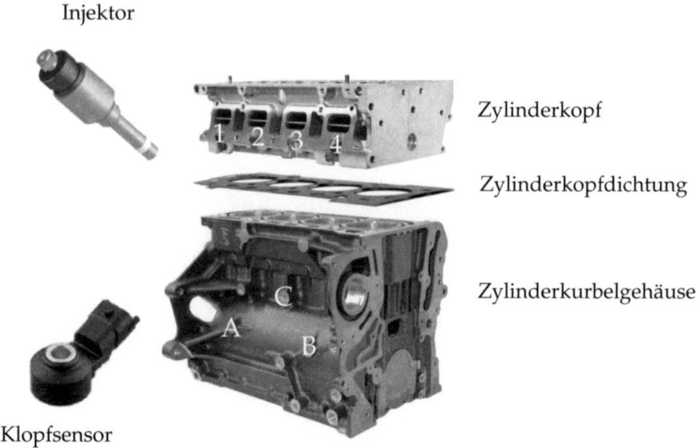

Abbildung 5.1 Injektor- und Klopfsensorpositionen auf Zylinderkopf und Zylinderkurbelgehäuse (Typ VW EA111)

dem Zylinderkurbelgehäuse analysiert. Für diese Untersuchungen wurde ein Prüfstand aufgebaut, der in Abschnitt 5.1.1 beschrieben wird. Die Verarbeitung dieser Messdaten erfolgt anhand der vorgestellten Methoden aus dem vorherigen Kapitel. Der zweite Teil dieses Kapitels widmet sich dann der Analyse des Klopfsensorsignals im realen Motorbetrieb.

5.1 Klopfsensor auf Zylinderkurbelgehäuse

In diesem Abschnitt werden Messungen an einem Motorblock vom Typ Volkswagen EA111 untersucht, bei denen sich der Klopfsensor an der dafür vorgesehenen Position auf dem Zylinderkurbelgehäuse befindet. Die Körperschallausbreitung auf Zylinderkopf und Zylinderkurbelgehäuse wird an einem Prüfstand betrachtet, dessen Aufbau im folgenden Teilabschnitt vorgestellt wird.

5.1.1 Prüfstand zur Untersuchung der Schallausbreitung

Nachdem in Kapitel 4 der Körperschall durch einen in unmittelbarer Nähe des Magnet-Injektors befindlichen Klopfsensor untersucht wurde, ist nun von Interesse, wie das Klopfsensorsignal auf dem Zylinderkurbelgehäuse aussieht. Dazu wird ein Magnet-Injektor auf einen fertig zerspanten Zylinderkopf montiert, siehe Abbildung 5.2. Die Normalkraft F_n, die

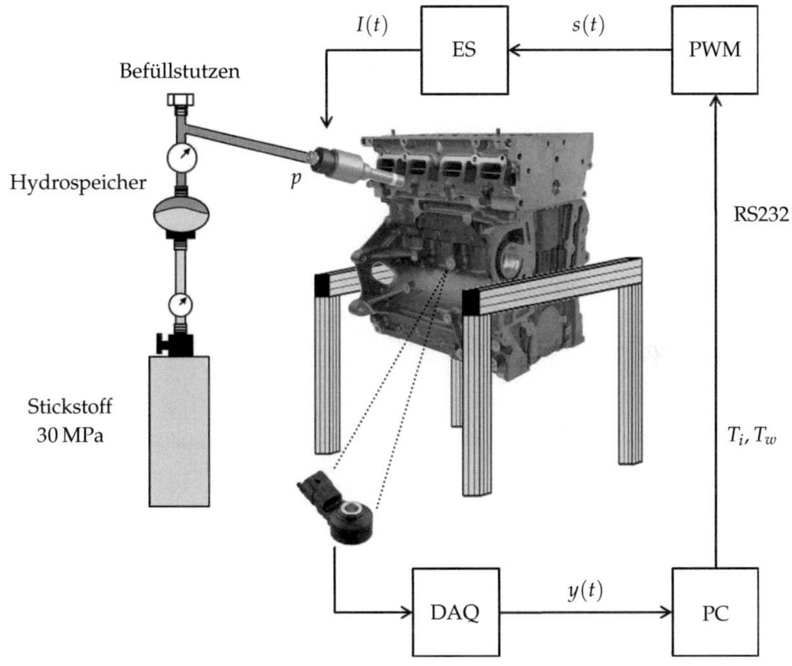

Abbildung 5.2 Messaufbau zur Untersuchung der Körperschallemissionen auf Zylinderkopf und Zylinderkurbelgehäuse

den Injektor in den Ventilsitz presst, wird durch eine Klammervorrichtung realisiert. Der Kraftstoffdruck wird durch eine Stickstoffflasche und einen Hydrospeicher aufgebaut. Die Rohrleitung sowie der Hydrospeicher werden über einen Befüllstutzen mit Kraftstoffersatz aufgefüllt. Als Kraftstoffersatz dient n-Heptan, das eine ähnliche Dichte und Viskosität bei geringerer Entflammbarkeit aufweist wie herkömmliches Benzin. Der Zylinderkopf selbst wird über die Zylinderkopfdichtung mit dem Zylinderkurbelgehäuse verschraubt. Auf diesem werden die Klopf- und Beschleunigungssensoren an den bereits gezeigten Positionen angebracht. Die Ansteuerung des Magnet-Injektors erfolgt über die Injektorendstu-

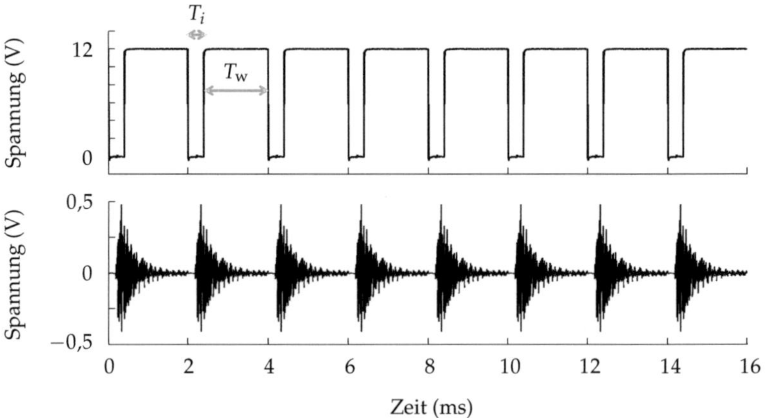

Abbildung 5.3 Injektor-Steuersignal $s(t, T_i)$ und Körperschallsignal $y(t)$

fe (ES), welche das charakteristische Stromprofil aus Abschnitt 2.2.2 generiert. Der Steuerimpuls wird über einen Microkontroller vom Typ Atmel® ATMega8 und eine Verstärkerstufe erzeugt. Der Microkontroller erstellt gemäß der Ansteuerdauer T_i und der Wartezeit T_w ein pulsweitenmoduliertes (PWM) Steuersignal $s(t, T_i)$, siehe Abbildung 5.3 (oben). Die Werte T_i und T_w werden dem Microkontroller direkt über die RS232-Schnittstelle vom PC übergeben. Aufgrund der hohen Taktrate $f_\mathrm{osz} = 8\,\mathrm{MHz}$ des Microkontrollers erlaubt diese Injektoransteuerung die Realisierung von Ansteuerdauern auf eine Genauigkeit unter $1\,\mu\mathrm{s}$. Die Datenerfassung erfolgt über ein Speicheroszilloskop (DAQ), das die Körperschallmessungen unmittelbar dem PC übergibt. Das ermöglicht Abtastfrequenzen im MHz-Bereich. Die Sensoren werden direkt ohne Vorschalten einer analogen Filterstufe ausgelesen. Zur Steuerung und zur Datenaufnahme wurde eine benutzerfreundliche Oberfläche in LabView™ erstellt.

Dieser kostengünstige Aufbau bietet den Vorteil einer einfachen und flexiblen Handhabung der Injektorsteuerung. Unabhängig von jeglichen Einflüssen können an diesem Prüfstand beliebige Arbeitspunkte angefahren, d. h. beliebige Kraftstoffmengen in die Zylinder eingespritzt werden.

5.1.2 Körperschallübertragung

Bei der Übertragung des Körperschalls vom Einspritzventil zum Klopfsensor sind vor allem die Schalllaufzeit T_{ks} sowie der Frequenzgang der Übertragungsstrecke von Interesse. Eine analytische und simulative Bestimmung des Frequenzgangs ist aufgrund der komplexen Geometrie des Motorblocks im Rahmen dieser Arbeit nicht zielführend. Aus diesem Grund wurde auf experimentelle Methoden zurückgegriffen.

Schalllaufzeit

Bei bekannter Schalllaufzeit T_{ks} ist eine erste grobe Schätzung des Auftrittszeitpunkts t_{BOI} des Einspritzbeginns im Körperschallsignal nach Gl. (4.1) möglich. Diese erste Schätzung wird im nächsten Kapitel zur Generierung eines zeitlichen Suchfensters für den Einspritzbeginn verwendet.

In Abbildung 5.4 ist die Übertragungsstrecke von Injektor zu Klopfsensor an einem Motorschnitt desselben Motortyps (VW EA111) dargestellt. Der Magnet-Injektor wird über die Befestigung der Common-Rail in den

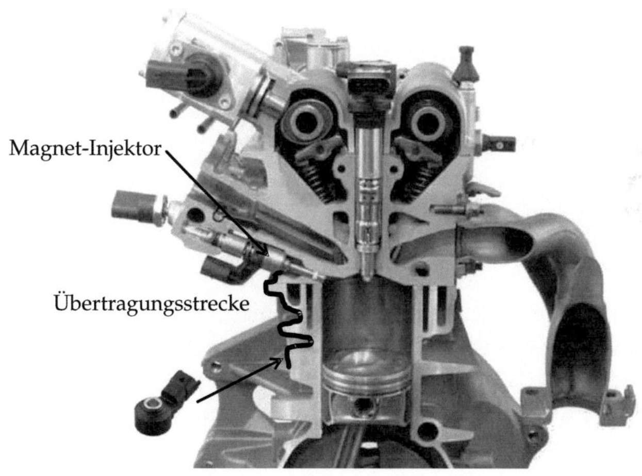

Abbildung 5.4 Schnitt eines BDE-Motors: Übertragungsstrecke des Körperschalls von Injektor zu Klopfsensor (schwarz), Quelle: Volkswagen Sachsen GmbH

Ventilsitz gepresst, vgl. Abbildung 3.5. Über die Auflagefläche des Injektors, die sich auf der Oberfläche des Zylinderkopfs befindet, werden die Schwingungen vom Injektorgehäuse auf den Zylinderkopf übertragen. Mit den Betrachtungen aus Abschnitt 4.1 und der Geometrie des Zylinderkurbelgehäuses liegt die Annahme nahe, dass sich die Körperschallwellen hauptsächlich in Form von Oberflächenwellen ausbreiten. Ein direkter, geradliniger Pfad von Injektor zu Sensor existiert demnach nicht. Die einfachste Methode, die Schalllaufzeit experimentell zu ermitteln, ist die Verwendung eines Impulshammers. Dieser verfügt über einen Kraftsensor im Hammerkopf und findet vor allem in der experimentellen Modalanalyse Anwendung. Diese einfache Versuchsanordnung liefert eine Körperschalllaufzeit von $T_{ks} \approx 100\,\mu s$ von Injektorplatz 2 zu Sensorposition A. Das experimentelle Ergebnis lässt sich leicht bestätigen: Wie in Abschnitt 4.1 diskutiert, liegt die Ausbreitungsgeschwindigkeit von Oberflächenwellen in Stahl bei ca. $v_{ks} \approx 3000\,\mathrm{m/s}$. Die tatsächliche Ausbreitungsgeschwindigkeit wird leicht abweichen, da die Materialkennwerte des Werkstoffs des Zylinderkurbelgehäuses nicht exakt bekannt sind. Die Kennwerte für Stahl und Stahlguss bilden aber eine gute Näherung. Bei einer Weglänge von $s_{ks} = 0{,}28\,\mathrm{m}$ bestätigt sich daher die experimentell ermittelte Körperschalllaufzeit bis auf wenige Mikrosekunden. Über die Versuchsanordnung des Nadelhubprüfstands aus Abschnitt 4.3 lassen sich diese Annahmen ebenfalls bestätigen: Hier beträgt die Ausbreitungsstrecke $s_{ks} \approx 6\,\mathrm{cm}$, was zu einer Schalllaufzeit von $T_{ks} \approx 20\,\mu s$ führt. Ein Vergleich mit dem simultan aufgezeichneten Nadelhub zeigt, dass dieser Wert stimmt.

Frequenzgang

Um den Einfluss der Übertragungsstrecke des Körperschalls von Injektor zu Sensor mathematisch zu beschreiben, ist die Ermittlung der Übertragungsfunktion von Interesse. Dies kann im Allgemeinen analytisch oder experimentell erfolgen.

Analytische und simulative Ansätze sind im Rahmen dieser Arbeit nicht möglich, da die exakten Materialwerte des Motorblocks unbekannt und die geometrischen Abmessungen nicht genau genug erfassbar sind. Die Möglichkeit einer FEM-Simulation entfällt zudem aufgrund der Komplexität der Geometrie des Motorblocks.

Wie bei einer experimentellen Modalanalyse könnte die Übertragungsstrecke mit Hilfe eines Impulshammers identifiziert werden. Für diesen

Ansatz wird ein Impulshammer benötigt, der den erforderlichen Frequenzbereich vollständig anregen kann. Übliche Impulshammer haben jedoch lediglich eine Bandbreite von $f < 10\,\text{kHz}$.

Der einzig praktikable Ansatz stellt die Verwendung eines elektromagnetischen Schwingerregers dar. Dieser wird über ein Koppelelement an der Position des Ventilsitzes am Zylinderkopf angebracht und mit einer Sinusschwingung

$$s(t, k \cdot \Delta f) = A \cdot \sin(2\pi \cdot k \cdot \Delta f\, t) \tag{5.1}$$

konstanter Amplitude A angeregt. Die Frequenz wird in diskreten Schritten $\Delta f = 100\,\text{Hz}$ erhöht, bis der Zulässigkeitsbereich des Schwingerregers $f < 20\,\text{kHz}$ abgedeckt ist. Somit liegt für jede einzelne Frequenz $f = k \cdot \Delta f$ eine Messung des Erregersignals $s(t)$ und des Klopfsensorsignals $y(t)$ vor. Die Berechnung des Amplituden- und des Phasengangs erfolgt mit Hilfe der orthogonalen Korrelation [20]. Den so ermittelten Amplitudengang im Falle der Übertragungsstrecke von Injektor 2 zu Klopfsensor A zeigt Abbildung 5.5. Deutlich zu erkennen sind zwei Frequenzintervalle geringerer Dämpfung. Da sowohl der Schwingerreger als auch der Klopfsensor im zulässigen Frequenzbereich betrieben werden, liegt die Annahme nahe, dass es sich bei $f \approx 2{,}5\,\text{kHz}$ und $f \approx 12\,\text{kHz}$ um Resonanzfrequenzen der Übertragungsstrecke handelt. Ein Vergleich mit den Ergebnissen der Frequenzanalyse aus Abschnitt 4.5 zeigt, dass durch den in dieser Arbeit vorrangig betrachteten Injektor keine der beiden Resonanzfrequenzen des Motorblocks angeregt wird.

Leider ist es auch mit dem Schwingerreger nicht möglich, den gesamten Frequenzbereich von Interesse anzuregen, um eine vollständige Aussage über das Übertragungsverhalten des Körperschalls treffen zu können. Zusätzlich werden die Ergebnisse durch die Ankopplung am Ventilsitz verfälscht. Mit dem aus dieser Messung bestimmten Phasengang lässt sich jedoch die Körperschalllaufzeit von ca. $v_{\text{ks}} \approx 100\,\mu\text{s}$ bestätigen. Diese ist, wie auch schon aus der Literatur bekannt [28], unabhängig von der Anregungsfrequenz.

Auf eine Filterung des Klopfsensorsignals wird in dieser Arbeit verzichtet, da sich später bei der Analyse herausstellen wird, dass sich die Klopfsensorsignale auf dem Zylinderkurbelgehäuse und auf dem Zylinderkopf sehr ähnlich sind. Lediglich die Dämpfung und die Schalllaufzeit sind unterschiedlich. Außerdem würde der Rechen- und Speicheraufwand bei der Implementierung eines Algorithmus zur Öffnungsdauerschätzung entsprechend steigen, wenn für jede Injektor-Sensor-

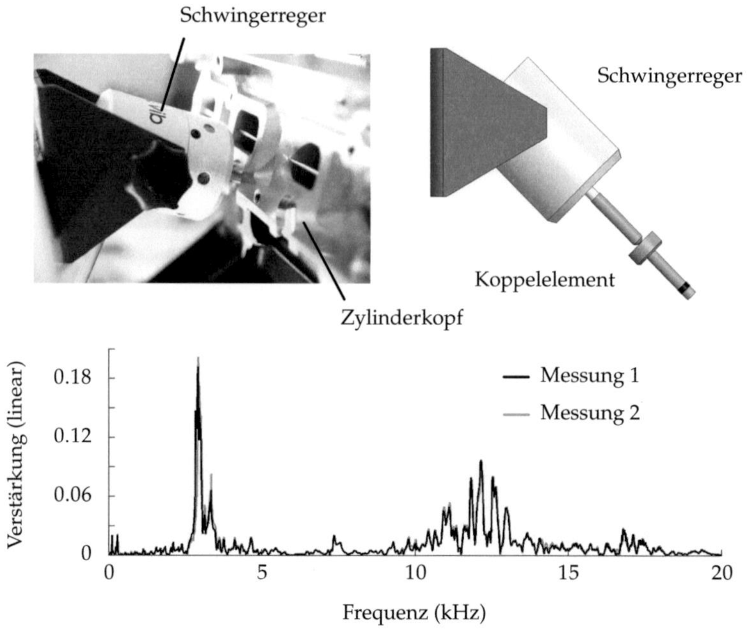

Abbildung 5.5 Amplitudengang der Übertragungsstrecke des Körperschalls von Injektorposition 2 zu Klopfsensorposition A (unten) durch Ankopplung eines elektromagnetischen Schwingerregers (oben) [57]

Kombination eine individuelle Filteroperation auf dem Steuergerät abgelegt werden müsste.

5.1.3 Signalanalyse

Kapitel 4 beschäftigte sich mit der Analyse der Körperschallemission des Magnet-Injektors. Anhand des (y, T_i)-Diagramms konnte gezeigt werden, dass aus einem Körperschallsignal in unmittelbarer Nähe des Magnet-Injektors die Auftrittszeitpunkte des Einspritzbeginns und des Einspritzendes erkennbar sind. Hierzu wurde bereits ein Klopfsensor zur Körperschallaufnahme verwendet. Die Zeit-Frequenz-Analyse machte zudem deutlich, dass die Prellfrequenz f_P zum Zeitpunkt des Schließens der Injektordüse im Klopfsensorsignal zu finden ist. In all diesen

Betrachtungen wurde der Einfluss der Übertragungsstrecke des Körperschalls vernachlässigt.

Zur Untersuchung des Einflusses der Übertragungsstrecke von Injektor zu Sensor wird nun das ungefilterte Klopfsensorsignal auf dem Zylinderkurbelgehäuse betrachtet [52]. Die Messdatenaufnahme erfolgt am Messaufbau aus Abschnitt 5.1.1. Im Folgenden werden stets Injektor 2 und Klopfsensor A betrachtet. Alle daraus resultierenden Ergebnisse lassen sich ohne Einschränkung auf die anderen Fälle übertragen. Als Referenz werden die Nadelhubmessungen aus Abschnitt 4.3 verwendet, obwohl diese nicht simultan zum Klopfsensorsignal aufgezeichnet wurden. Daher dienen die Hubverläufe $h(t)$ nur als Anhaltspunkt für den Auftrittszeitpunkt des Einspritzbeginns und des Einspritzendes.

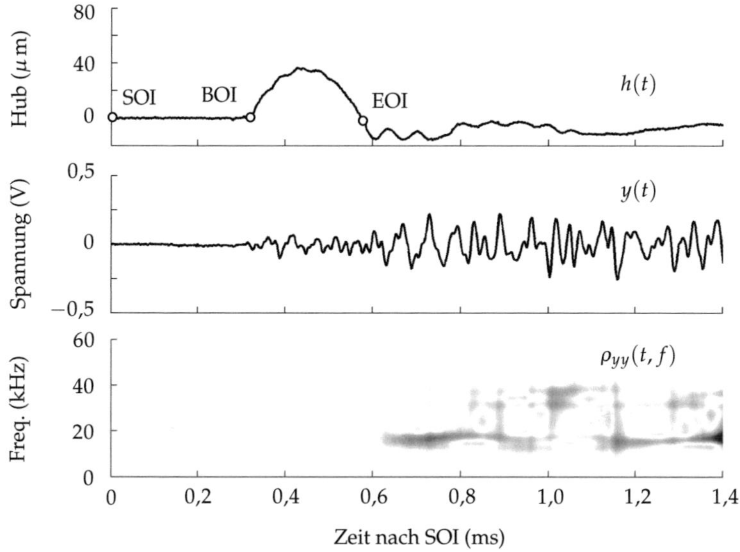

Abbildung 5.6 Klopfsensorsignal auf Zylinderkurbelgehäuse für $T_i = 0{,}27\,\mathrm{ms}$ und $p = 10\,\mathrm{MPa}$ [52]

Die zeitlichen Verläufe des Nadelhubs $h(t)$ und der aufgenommenen Klopfsensorsignale $y(t)$ sind jeweils für einen Teilhub und einen Vollhub in den Abbildungen 5.6 und 5.7 aufgetragen. Der Zeitpunkt $t = 0$ entspricht dem Ansteuerbeginn SOI. Die experimentell ermittelte Körperschalllaufzeit $T_{\mathrm{ks}} = 100\,\mu\mathrm{s}$ wurde in den Darstellungen des Klopfsensorsignals kompensiert. Die Amplitude des Signals $y(t)$ ist im Vergleich zu den Messungen auf dem Zylinderkopf stärker gedämpft. Dennoch ist der Einspritzbeginn deutlich erkennbar. Die Zeit-Frequenz-Analyse der Messungen auf dem Zylinderkurbelgehäuse liefert nahezu identische Ergebnisse wie die auf dem Zylinderkopf. Die dominante Frequenz f_p des Nachprellens der Injektornadel nach Einspritzende ist klar erkennbar. Auch die Resonanzfrequenz f_r des Klopfsensors tritt zu den gleichen Zeitintervallen auf wie zuvor.

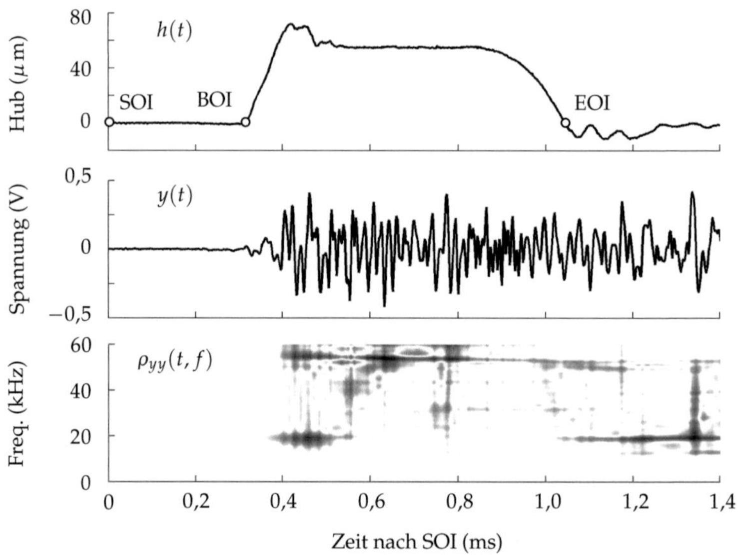

Abbildung 5.7 Klopfsensorsignal auf Zylinderkurbelgehäuse für $T_i = 0{,}7\,\mathrm{ms}$ und $p = 10\,\mathrm{MPa}$ [52]

Ein Vergleich mit den Zeit-Frequenz-Darstellungen aus Abschnitt 4.5.7 zeigt hohe Übereinstimmungen. Folglich hat die Übertragungsstrecke keinen wesentlichen Einfluss auf die spektrale Energiedichte des Klopfsensorsignals. Die Auftrittszeitpunkte des Einspritzbeginns und des Einspritzendes können den Diagrammen eindeutig entnommen werden. Eine Schätzung der tatsächlichen Öffnungsdauer kann daher auch durchgeführt werden, wenn der Klopfsensor auf dem Zylinderkurbelgehäuse montiert ist.

5.2 Motorbetrieb

Im realen Motorbetrieb werden die Klopfsensorsignale $y(t)$ von mechanischen und elektromagnetischen Störquellen beeinflusst. Inwiefern diese Störungen die Möglichkeiten der Detektion des Einspritzbeginns und des Einspritzendes im Klopfsensorsignal beeinträchtigen, soll im Folgenden untersucht werden. Dazu werden Klopfsensormessungen an einem 4-Zylinder-BDE-Motor vom Typ GM L850 analysiert, bei denen der Motor im unteren bzw. mittleren Lastbereich betrieben wird [52]. Die Datenaufnahme erfolgt sowohl am Motorprüfstand als auch im Fahrzeug auf dem Rollenprüfstand. Diese Motorvariante verfügt serienmäßig über zwei Klopfsensoren, welche auf dem Zylinderkurbelgehäuse montiert sind. Dabei befindet sich Klopfsensor A zwischen Zylinder 1 und 2 und Klopfsensor B zwischen Zylinder 3 und 4.

Die in diesem Motor verbauten Magnet-Injektoren sind zwar vom gleichen Injektortyp wie die Injektoren aus den vorhergehenden Betrachtungen, ein direkter Vergleich mit den Messungen an den bereits gezeigten Prüfständen ist jedoch nicht möglich, da es sich nicht um die selben Injektoren handelt. Außerdem sind weitere Abweichungen aufgrund der Montage zu erwarten.

In Abbildung 5.8 sind die Signalverlaufe der beiden serienmäßig verbauten Klopfsensoren im Motorbetrieb dargestellt. Die Klopfsensorsignale werden über $M = 50$ Motorumdrehungen bei einer konstanten Drehzahl von $n_{\mathrm{mot}} = 1000\,\mathrm{rpm}$ und einem konstanten Kraftstoffdruck von $p = 12\,\mathrm{MPa}$ aufgenommen. Simultan dazu wurden die Injektorströme und der Kurbelwellenwinkel erfasst. Alle $M = 50$ Messungen der Sensoren A und B sind jeweils gemeinsam über dem Kurbelwellenwinkel im Diagramm dargestellt. Pro Zylinder werden eine Haupteinspritzung (HE) und eine Nacheinspritzung (NE) ausgeführt. Die Nacheinspritzung dient der Systemanalyse. Die Ansteuerdauer der Nacheinspritzung entspricht der des Arbeitspunktes, in dem der Injektor kalibriert werden soll. Der Ansteuerbeginn der Nacheinspritzung wird dabei so gewählt, dass während der Kraftstoffeinspritzung keine dominanten Störquellen, wie beispielsweise das Schließen der Lufteinlass- und Luftauslassventile, aktiv sind. Da vorrangig Ansteuerdauern im Kleinmengenbereich, d. h. $T_i < 1\,\mathrm{ms}$, untersucht werden sollen, reicht für die Analyse der Kraftstoffeinspritzung ein Zeitfenster der Länge $T < 1{,}5\,\mathrm{ms}$ im Klopfsensorsignal aus. Die Zündfolge des betrachteten BDE-Motors lautet 1-3-4-2. Den Kraftstoffeinspritzungen in Zylinder 1 folgen daher die Einspritzungen

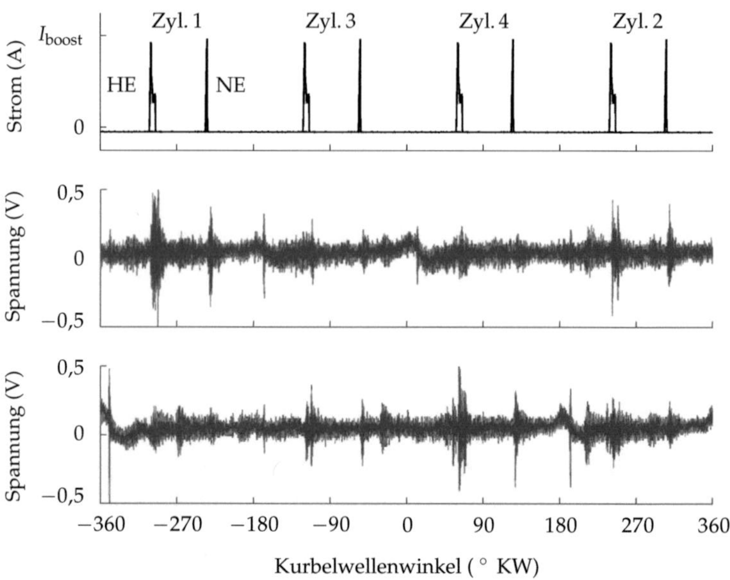

Abbildung 5.8 Injektorstrom (oben), Klopfsensorsignal A (Mitte) und Klopfsensor B (unten) über $M = 50$ Motorzyklen in Abhängigkeit des Kurbelwellenwinkels. $T_i = 1{,}1\,\text{ms}$ (HE) und $T_i = 0{,}29\,\text{ms}$ (NE) bei $p = 10\,\text{MPa}$ [52]

in Zylinder 3 um $180°$ KW verspätet. Die Zündung in Zylinder 1 findet bei $-23{,}5°$ KW statt.

Eine erste Betrachtung der Klopfsensorsignale aus Abbildung 5.8 zeigt deutlich erhöhte Signalenergien zu den Zeitpunkten der Kraftstoffeinspritzungen. Der zwischen Zylinder 1 und 2 befindliche Klopfsensor A erfasst dabei überwiegend die Einspritzungen der Injektoren 1 und 2. Entsprechend werden mit Klopfsensor B, der zwischen Zylinder 3 und 4 montiert ist, die Einspritzungen der Injektoren 3 und 4 aufgenommen. Die Varianz des Hintergrundrauschens ist merklich höher als bei den bisher betrachteten Körperschallmessungen. Zusätzlich sind unabhängig von den Kraftstoffeinspritzungen impulsförmige Signalanteile sichtbar. Diese entsprechen u. a. dem Schließen der Lufteinlass- und Luftauslassventile.

Im folgenden Teilabschnitt werden die Störungen genauer untersucht. Im

Anschluss daran werden die Klopfsensorsignale während der Kraftstoffeinspritzung analysiert, um eine Aussage darüber treffen zu können, ob sich die standardmäßig verbauten Klopfsensoren zur Schätzung der tatsächlichen Öffnungsdauer der Magnet-Injektoren eignen.

5.2.1 Modellierung des Störprozesses

Das Klopfsensorsignal im Motorbetrieb beinhaltet die Körperschallemissionen jeglicher Geräuschquellen auf dem Verbrennungsaggregat, die die Detektion des Einspritzbeginns und des Einspritzendes stören. Vorrangig ist dabei das Schließen der Lufteinlass- und Luftauslassventile zu nennen, das ebenso wie die Vorgänge im Magnet-Injektor selbst transiente, impulsförmige Ereignisse darstellt, da es zu Metall-auf-Metall-Schlägen kommt. Auch der Verbrennungsprozess beeinflusst das Klopfsensorsignal. Da die Injektorkalibrierung im unteren/mittleren Lastbereich durchgeführt werden soll, ist mit einem geringen Einfluss des Verbrennungsprozesses auf das Klopfsensorsignal zu rechnen. Weitere Geräuschquellen bilden der Kolbenhub, die Kurbelwelle, die Nockenwellen und der Kettentrieb. Die daraus resultierenden Schallemissionen sind nicht transienter Natur, sondern haben eher rauschähnlichen Charakter. Die Betrachtung des Rauschprozesses $n(t)$ erfolgt in einem Zeitintervall des Klopfsensorsignals aus Abbildung 5.8, in dem keine Impulsstörung auftritt. Die Häufigkeitsverteilung der Signalamplitude auf diesem Signalabschnitt zeigt Abbildung 5.9. Die Amplitudenverteilung kann durch eine Normalverteilung $\mathcal{N}(\mu_n, \sigma_n^2)$ angenähert werden. Die Ursache hierfür liegt im zentralen Grenzwertsatz der Stochastik [21]. Der Rauschprozess $n(t)$ wird daher im Folgenden als Gauß'sches weißes Rauschen mit Mittelwert μ_n und Varianz σ_n^2 modelliert.

Werden mit $v(t)$ alle transienten Ereignisse beschrieben und mit $x(t)$ das Nutzsignal, so lässt sich das Klopfsensorsignal allgemein wie folgt darstellen:

$$y(t) = x(t) + n(t) + v(t). \tag{5.2}$$

Wie bereits erwähnt, wird der Ansteuerbeginn (SOI) der Nacheinspritzung so gewählt, dass im Zeitintervall $[t_{\mathrm{SOI}}, t_{\mathrm{SOI}} + T]$ der Kraftstoffeinspritzung $v(t) \approx 0$ gilt. Abbildung 5.9 zeigt einen entsprechenden Signalausschnitt. Die Bildung des Scharmittelwerts über $M = 50$ Messungen führt zur nahezu vollständigen Unterdrückung des Rauschprozesses. Die in grauer Farbe dargestellten Messungen liegen dabei im 3σ-

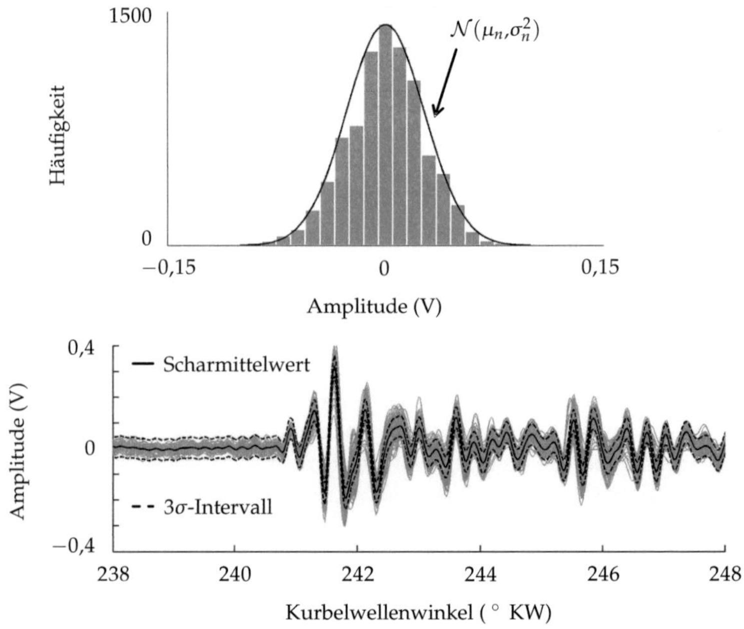

Abbildung 5.9 Amplitudenverteilung des Hintergrundrauschens (oben), Scharmittelwert und 3σ-Konfidenzintervall von $M = 50$ Nacheinspritzungen (unten)

Konfidenzintervall, was die Approximation von $n(t)$ durch eine Normalverteilung $\mathcal{N}(\mu_n,\sigma_n^2)$ bestätigt.

5.2.2 Signalanalyse

In diesem Teilabschnitt werden nun Signalausschnitte der Klopfsensoren A und B zu verschiedenen Ereignissen im Motorzyklus genauer untersucht. Dazu werden die Analysemethoden aus Kapitel 4 verwendet.

Die Untersuchungen des letzten Teilabschnitts ergaben, dass eine Scharmittelwertbildung über M Messungen des Klopfsensorsignals zu einer Unterdrückung des Hintergrundrauschens führt. Abbildung 5.10 zeigt die gemittelten Klopfsensorsignale A und B über den vollen Motorzyklus von -360° KW bis 360° KW und deren Zeit-Frequenz-Darstellung.

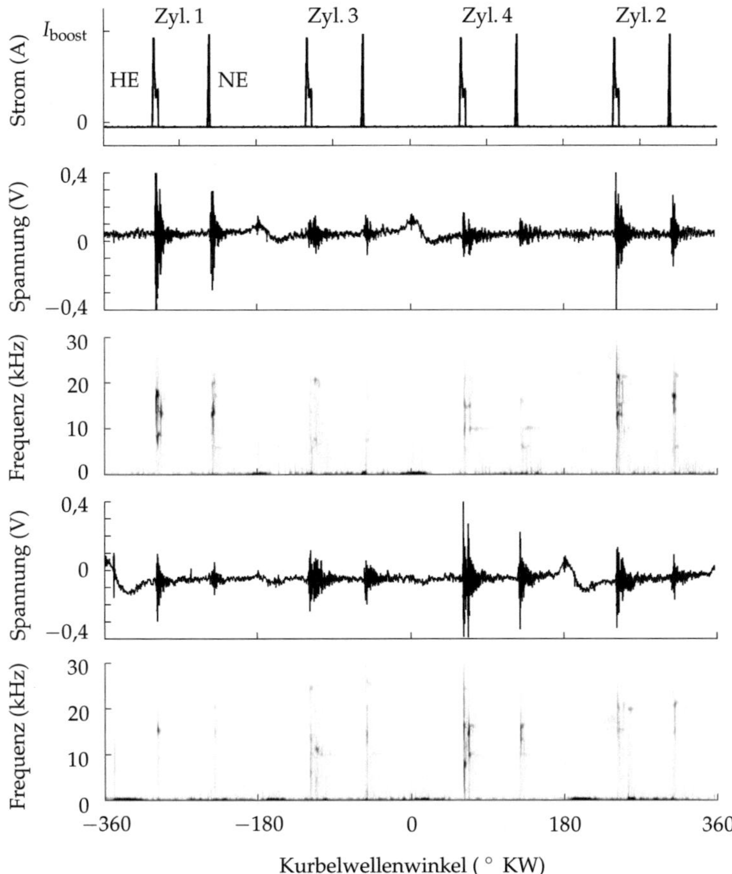

Abbildung 5.10 Gemittelte Klopfsensorsignale A und B über $M = 50$ Motorzyklen in Abhängigkeit des Kurbelwellenwinkels: Injektorstrom (oben), Klopfsensor A gemittelt und ZFD (Mitte) sowie Klopfsensor B gemittelt und ZFD (unten)

Die Einspritzvorgänge in Zylinder 1 und 2 sind dominant in Klopfsensor A erkennbar. Entsprechend eignet sich Klopfsensor B für die Aufnahme der Schallemissionen zu den Einspritzungen in Zylinder 3 und 4. Des weiteren ist im zeitlichen Verlauf der Klopfsensorsignale eine niederfrequente Schwingung mit erhöhter Amplitude nach den Zündzeitpunkten (Zündung in Zylinder 1 bei $-23{,}5°$ KW) zu sehen. Diese Geräusche sind der Verbrennung zuzuordnen. Die Zeit-Frequenz-Darstellungen der Sensorsignale A und B zeigen sehr deutlich, dass die Motorstruktur während den Kraftstoffeinspritzungen vor allem im Frequenzbereich $f = 10\,\text{kHz}\ldots20\,\text{kHz}$ angeregt wird. Während den Verbrennungsprozessen in den Zylindern werden hauptsächlich tiefe Frequenzen angeregt. Eine klopfende Verbrennung wurde bei den Messungen im niederen Drehzahlbereich ($n_{\text{mot}} = 1000\,\text{rpm}$) nicht erfasst. Aufgrund der Scharmittelwertbildung werden die Schallemissionen weiterer Ereignisse stark gedämpft, so auch das Schließen der Lufteinlass- und Luftauslassventile. Im Folgenden werden die Klopfsensorsignale zu den einzelnen Ereignissen auf den entsprechenden Intervallen des Motorzyklus genauer analysiert. Betrachtet werden die Kraftstoffeinspritzung, das Schließen der Lufteinlass- und Luftauslassventile und der Verbrennungsprozess.

Kraftstoffeinspritzung

Auch im Motorbetrieb zeigt das Klopfsensorsignal während der Kraftstoffeinspritzung einen stark systematischen Verlauf, wie es in Abbildung 5.11 zu sehen ist. Die Signaldarstellung im (y, T_i)-Diagramm, bei konstantem Kraftstoffdruck $p = 12\,\text{MPa}$ der Nacheinspritzung von Injektor 1 in Klopfsensorsignal A, zeigt deutlich die Verläufe der einzelnen Wellenfronten, wie sie in Abschnitt 4.4.1 vorgestellt wurden. Der Grund der schlechteren Auflösung des Diagramms im Vergleich zu Abbildung 4.9 liegt in der geringeren Anzahl an Arbeitspunkten (T_i, p) und einer geringeren Abtastfrequenz, die hier nur $f_a = 60\,\text{kHz}$ beträgt. Die dennoch klar erkennbaren Verläufe beweisen, dass das Klopfsensorsignal die Information über die Auftrittszeitpunkte des Einspritzbeginns und des Einspritzendes beinhaltet. Eine genauere Analyse der Signalausschnitte der Haupt- und der Nacheinspritzungen in Klopfsensorsignal A und B zeigt Abbildung 5.12. Dargestellt sind jeweils die zeitlichen Verläufe der einzelnen Klopfsensormessungen in grau und deren Scharmittelwert in schwarz. Darunter sind die Zeit-Frequenz-Darstellungen nach Gl. (4.28) und (4.29) der gemittelten Signalausschnitte abgebildet.

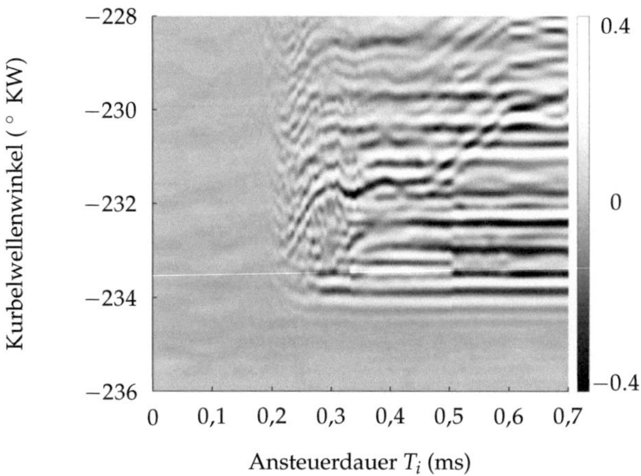

Abbildung 5.11   Körperschallemission während der Kraftstoffinjektion in Abhängigkeit der Ansteuerdauer T_i im Motorlauf

Betrachtet werden das Klopfsensorsignal A im Zeitintervall der Haupt- und Nacheinspritzung in Zylinder 1 und das Klopfsensorsignal B im Zeitintervall der Haupt- und Nacheinspritzung in Zylinder 4. Durchgeführt werden eine Haupteinspritzung mit $T_i = 1$ ms und eine Nacheinspritzung mit $T_i = 0{,}29$ ms bei einem Kraftstoffdruck von $p = 12$ MPa. Bei der Nacheinspritzung führt der Magnet-Injektor einen Teilhub aus. Mit gestrichelten Linien sind die Zeitpunkte des Einspritzbeginns (BOI) und des Einspritzendes (EOI) markiert. Im Falle der Haupteinspritzungen kann der Einspritzbeginn jeweils sicher detektiert werden. Die Prellfrequenz $f_\mathrm{p} \approx 15$ kHz zum Einspritzende ist in allen Messungen deutlich zu erkennen.

Einen weiteren Vergleich von Klopfsensorsignalen zu verschiedenen Kraftstoffeinspritzungen zeigt Abbildung 5.13. Zu sehen sind drei Klopfsensormessungen $y(t, T_i)$ für Ansteuerdauern im Vollhub-Bereich. Die Signalanalyse erfolgt wieder über die Zeit-Frequenz-Darstellung $\rho_{yy}(t, f)$. Deutlich zu erkennen sind die nahezu identischen Signalanteile in der ersten Signalhälfte. Die Verteilung der Energiedichte der einzelnen Messungen weist eine hohe Ähnlichkeit auf. Dieser Tatsache wird auch bei der Signalmodellierung aus Abschnitt 4.4.2 Rechnung getragen. Das Einspritzende ist in allen drei Messungen anhand der Zeit-Frequenz-

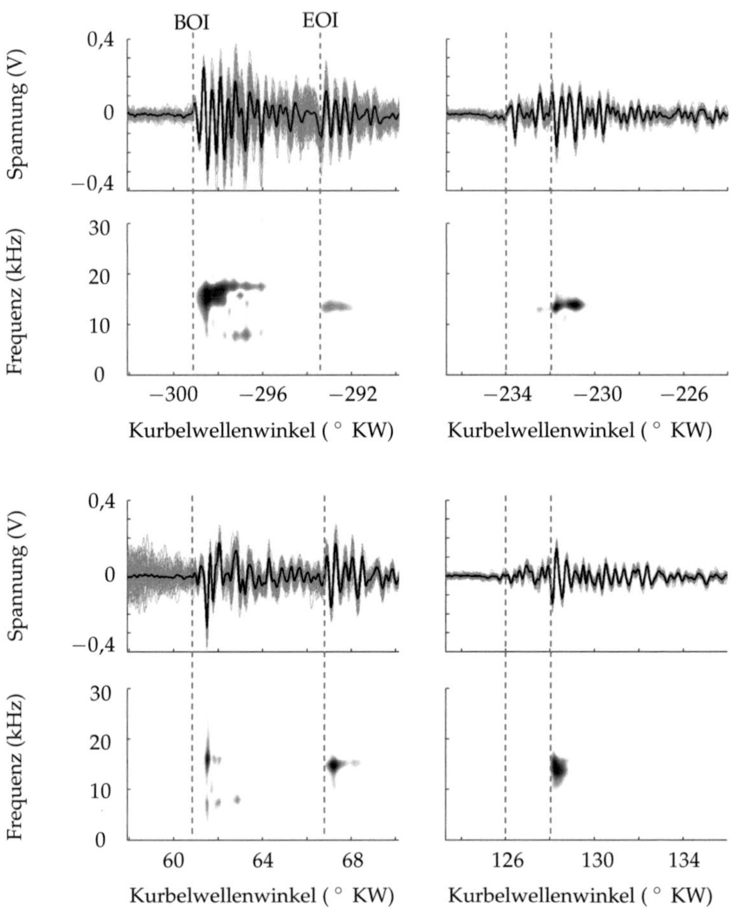

Abbildung 5.12 Zeit-Frequenz-Analyse von Haupt- und Nacheinspritzungen: HE (links), NE (rechts) in Zylinder 1 in Klopfsensorsignal A (oben) und HE, NE in Zylinder 4 in Klopfsensorsignal B (unten)

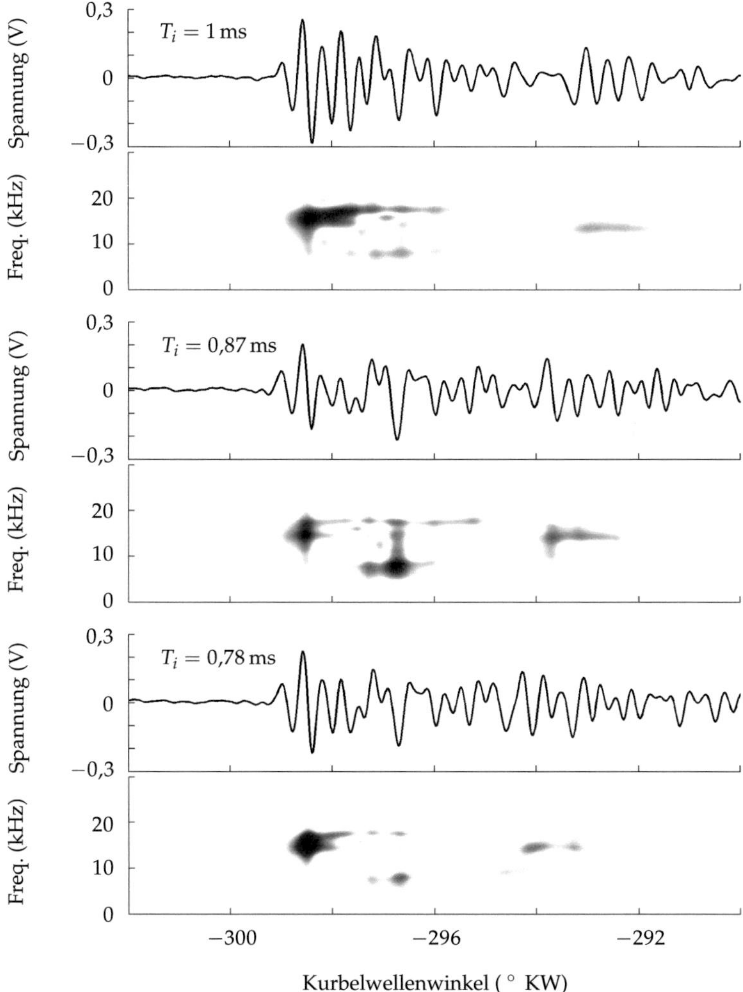

Abbildung 5.13 Zeit-Frequenz-Analyse des Klopfsensorsignals zu Hauptein-spritzungen mit verschiedenen Ansteuerdauern bei konstantem Kraftstoffdruck

Darstellung über die Prellfrequenz f_p zu finden, die zu verschiedenen Zeiten einsetzt.

Eine Gegenüberstellung der Zeit-Frequenz-Darstellungen der Klopfsensormessungen auf dem Zylinderkopf (Abbildung 4.20) und denen auf dem Zylinderkurbelgehäuse im realen Motorbetrieb aus Abbildung 5.13 zeigt eine hohe Übereinstimmung im Frequenzbereich $f < 30\,\mathrm{kHz}$. Dies zeigt, dass das Klopfsensorsignal auf dem Zylinderkurbelgehäuse im Wesentlichen durch eine Dämpfung der Signalamplitude und einer zeitlichen Verschiebung um die Schalllaufzeit aus dem Klopfsensorsignal auf dem Zylinderkopf hervorgeht. Auf eine Signalfilterung zur Kompensation der Streckeneinflüsse kann daher verzichtet werden.

Schließen der Lufteinlass- und Luftauslassventile

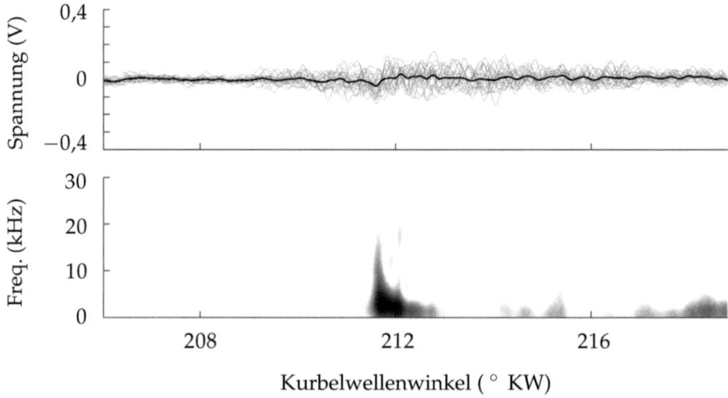

Abbildung 5.14 Schließgeräusch des Luftauslassventils von Zylinder 1 in Klopfsensor A: Messungen (grau), Scharmittelwert (schwarz), Zeit-Frequenz-Darstellung einer einzelnen Messung

Neben der Kraftstoffeinspritzung ist das Schließen der Lufteinlass- und Luftauslassventile ebenfalls mit einem abrupten Anstieg der Signalamplitude verbunden, was deutlich in Abbildung 5.8 zu sehen ist. Die Analyse eines entsprechenden Signalausschnitts zeigt jedoch, dass diese Ereignisse keinen systematischen Kurvenverlauf hervorrufen. In Abbildung 5.14 ist das Klopfsensorsignal A im Zeitintervall des Schließens von Luftauslassventil 1 abgebildet. Wie zuvor sind die einzelnen Messungen in grau dargestellt und in schwarz deren Scharmittelwert. Im Gegensatz zu den Schallemissionen während der Kraftstoffeinspritzung ist hier bei einem Vergleich der einzelnen Messungen keine Systematik zu erkennen. Aufgrund der Unregelmäßigkeiten ist der Scharmittelwert fast konstant Null. Die Zeit-Frequenz-Darstellung einer einzelnen Messung zeigt allerdings, dass durch das Schließen der Luftventile auch höhere Frequenzen im Klopfsensorsignal auftreten.

Verbrennungsprozess

Die Zeit-Frequenz-Analyse des vollen Motorzyklus in Abbildung 5.10 zeigt, dass der Verbrennungsprozess im betrachteten Betriebspunkt des Motors keinen signifikanten Einfluss auf die Detektion des Einspritzbeginns und des Einspritzendes hat. Eine klopfende Verbrennung wurde im Rahmen dieser Arbeit nicht untersucht. Es ist jedoch naheliegend, dass sich durch eine Scharmittelwertbildung oder eine Ausreißerbehandlung die Störung einer klopfenden Verbrennung reduzieren oder gar eliminieren lässt.

Fazit

In diesem Kapitel wurde gezeigt, dass das Klopfsensorsignal im Falle der betrachteten Motortypen im Motorlauf dazu geeignet ist, den Einspritzvorgang zu überwachen. Die notwendigen Informationen zur Schätzung der tatsächlichen Öffnungsdauer des jeweiligen Magnet-Injektors sind in den Klopfsensorsignalen enthalten. Somit ist eine Schätzung der tatsächlichen Öffnungsdauer des Magnet-Injektors mittels der standardmäßig verbauten Klopfsensoren auch im Motorlauf möglich. Das nächste Kapitel wird sich mit der Detektion des Einspritzbeginns und des Einspritzendes auseinandersetzen.

6 Schätzung der Öffnungsdauer

Die bisherigen Kapitel zeigten, dass sich die standardmäßig verbauten Klopfsensoren eines BDE-Motors zur Ermittlung der tatsächlichen Einspritzdauer eignen. Die eingehende Signalanalyse machte deutlich, dass die Zeitpunkte des Einspritzbeginns und des Einspritzendes im Sensorsignal erkennbar sind.

In diesem Kapitel werden nun Ansätze zur Schätzung der Auftrittszeitpunkte des Einspritzbeginns $\hat{t}_{\mathrm{BOI}}$ und des Einspritzendes $\hat{t}_{\mathrm{EOI}}$ vorgeschlagen. Dazu werden zunächst Methoden präsentiert, mit denen abrupte Änderungen in der Signalcharakteristik eines Messsignals detektiert werden können. Welche Signalcharakteristiken sich zur Schätzung von $\hat{t}_{\mathrm{BOI}}$ und $\hat{t}_{\mathrm{EOI}}$ eignen wird daraufhin detailliert erläutert.

Um eine Schätzung $\hat{T}_{\mathrm{o}}$ der tatsächlichen Öffnungsdauer des Magnet-Injektors im Arbeitspunkt (T_i, p) zu erhalten, ist eine mehrstufige Signalverarbeitung erforderlich. Abbildung 6.1 zeigt das in dieser Arbeit vorgeschlagene Vorgehen bei der Öffnungsdauerschätzung. Den Ausgangspunkt bilden M Körperschallmessungen $y_m(n)$ zu identisch angesteuerten Nacheinspritzungen im betrachteten Arbeitspunkt mit $m = 1, \ldots, M$ und $n = 0, \ldots, N - 1$. Diese Messungen werden zu einer Matrix $\boldsymbol{Y}(T_i, p) \in \mathbb{R}^{M \times N}$ zusammengefasst. Analog zu Abschnitt 5.2.1 sollte bei der Datenaufnahme darauf geachtet werden, dass die M Nacheinspritzungen jeweils in einem Zeitintervall erfolgen, in dem keine transienten oder impulsförmigen Geräuschquellen die Schallemissionen der Kraftstoffeinspritzungen stören. Der Ansteuerbeginn (SOI) der Nacheinspritzungen ist daher so zu wählen, dass Störeinflüsse möglichst gering gehalten werden. Für eine Kalibrierung im Kleinmengenbereich $q < 10\,\mathrm{mg}$ ist hierzu eine Intervalllänge von lediglich $T < 2\,\mathrm{ms}$ oder $12\,^\circ\mathrm{KW}$ bei $n_{\mathrm{mot}} = 1000\,\mathrm{rpm}$ notwendig. Die Messdatenaufnahme erfolgt vor der Signalverarbeitung, sodass die Messdaten zur Öffnungsdauerschätzung aus dem Speicher geladen werden müssen, um „offline" verarbeitet werden zu können.

Der erste Schritt in der Signalverarbeitungskette ist die Signalvorverarbeitung. Daraus resultiert die gemittelte und von Ausreißern bereinigte Sequenz $y(n)$, die je nach Bedarf zusätzlich einem Upsampling um

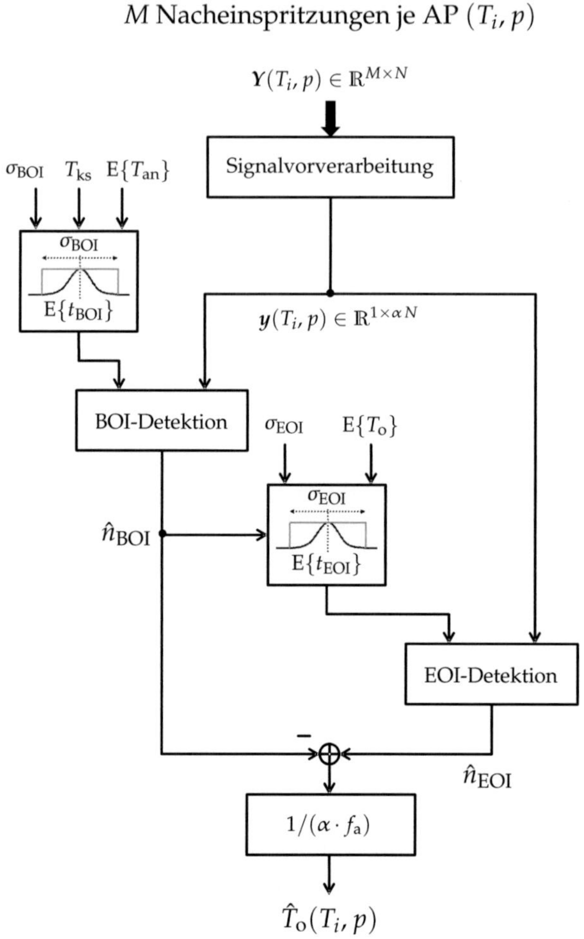

Abbildung 6.1 Verarbeitungsschritte bei der Schätzung der tatsächlichen Öffnungsdauer $\hat{T}_{\mathrm{o}}$ im Arbeitspunkt (T_i, p)

den Faktor α unterzogen wird. Die Sequenz $Y(T_i, p) \in \mathbb{R}^{M \times N}$ bildet die Grundlage für die Schätzungen $\hat{n}_{\mathrm{BOI}}$ und $\hat{n}_{\mathrm{EOI}}$ der diskreten Zeitpunkte des Einspritzbeginns und des Einspritzendes erfolgen. Die Öffnungsdauerschätzung wird unterstützt durch apriori Wissen über die ungefähre Lage der Auftrittszeitpunkte. Die Öffnungsdauer $\hat{T}_{\mathrm{o}}$ ergibt sich schließlich aus der Differenz der geschätzten Zeitpunkte $\hat{n}_{\mathrm{BOI}}$ und $\hat{n}_{\mathrm{EOI}}$.

In den folgenden Abschnitten werden Ansätze zur Schätzung der Öffnungsdauer in einem Arbeitspunkt vorgestellt, wobei gemäß Abbildung 6.1 vorgegangen wird. Für eine vollständige Injektorkalibrierung in Form einer Korrekturtabelle $(q, \mathrm{d}T_i)$ nach Abbildung 2.6 muss auf diese Weise die Öffnungsdauer in mehreren Arbeitspunkten bestimmt werden.

Der erste Teil dieses Kapitels widmet sich mathematischen Methoden zur Detektion abrupter Änderungen in Signalverläufen. Im zweiten Teil werden diese Methoden zur BOI- und EOI-Detektion angewandt. Die verschiedenen Methoden zur Schätzung von $\hat{n}_{\mathrm{BOI}}$ und $\hat{n}_{\mathrm{EOI}}$ werden daraufhin im nächsten Kapitel bewertet.

6.1 Methoden zur Detektion

Für eine Schätzung der Auftrittszeitpunkte des Einspritzbeginns und des Einspritzendes werden Methoden benötigt, anhand derer sich abrupte Änderungen in Signalverläufen detektieren lassen. Diese Methoden sollten möglichst präzise Ergebnisse liefern und zudem auf einem Motorsteuergerät implementierbar sein. Aus der Fülle von möglichen Verfahren wurden in dieser Arbeit das Akaike Informationskriterium (AIC) und die Methode der Change-Point Detection (CPD) angewandt. In diesem Abschnitt soll daher eine ausführliche Herleitung dieser beiden Verfahren erfolgen.

6.1.1 Akaike Informationskriterium

Die exakte Detektion des Auftrittszeitpunkts eines transienten Signals ist eine weit verbreitete Aufgabe in der Signalverarbeitung. In der Praxis umsetzbare Ansätze finden sich vor allem in der Schallemissionsanalyse [29] und in der Erdbebenforschung [47]. Verschiedene Strategien hierzu werden in [42] behandelt. Dieser Abschnitt stellt eine einfach implementierbare und zugleich robuste Methode zur Detektion des Auftrittszeitpunkts einer Schallemission analog zu [27, 36] vor.

Die Herleitung der Methode erfolgt anhand des Messsignals $y(n)$ für $n = 0, \dots, N-1$ aus Abbildung 6.2. Gesucht wird der diskrete Zeitpunkt $n = n_1$, der die Segmente 1 und 2 so trennt, dass in Segment 1 keine Nutzsignalanteile enthalten sind, sondern lediglich in Segment 2.

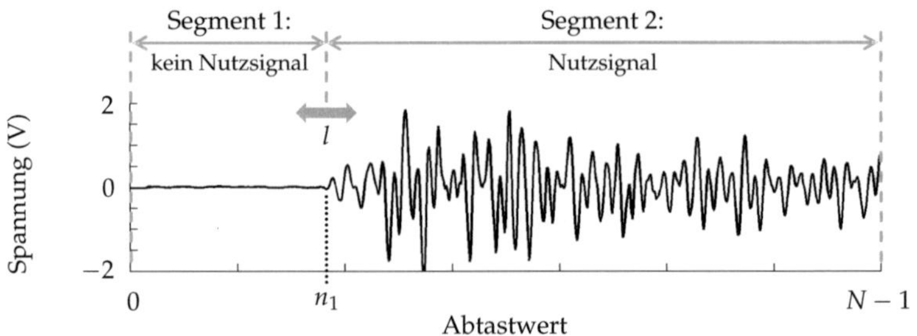

Abbildung 6.2 Bestimmung des Auftrittszeitpunkts $n = n_1$ einer Schallemission

Um diesen Zeitpunkt zu finden, wird das Messsignal $y(n)$ durch einen sehr einfachen Ansatz modelliert:

$$y(n) = \begin{cases} e_1(n) & \text{für} \quad n < n_1 \\ e_2(n) & \text{für} \quad n \geq n_1 \end{cases}. \tag{6.1}$$

Das Signal $y(n)$ besteht demnach für $n < n_1$ lediglich aus dem Rauschprozess $e_1(n)$, der dem Hintergrundrauschen mit der Varianz σ_1^2 entspricht. Für $n \geq n_1$ wird das Signal $y(n)$ durch einen zweiten Rauschprozess $e_2(n)$ modelliert für dessen Varianz $\sigma_2^2 > \sigma_1^2$ gilt. Somit stellt n_1 den diskreten Zeitpunkt dar, zu dem sich die Varianz σ^2 im Messsignal sprunghaft ändert. Zur Schätzung $\hat{n}_1$ des gesuchten Auftrittszeitpunkts wird ein Laufparameter l eingeführt. Die Signalanteile $e_i(n)$ $(i = 1,2)$ werden als Gauß'sches weißes Rauschen mit

$$\text{E}\left\{e_i(n)\right\} = 0, \tag{6.2}$$

$$\text{E}\left\{(e_i(n))^2\right\} = \sigma_i^2 \tag{6.3}$$

angenommen. Die Dichtefunktion f von $e_i(n)$ entspricht jeweils einer Gaußverteilung

$$f(e_i(n)) = \frac{1}{\sqrt{2\pi}\sigma_i} \exp\left(-\frac{1}{2\sigma_i^2}(e_i(n))^2\right). \tag{6.4}$$

Auf Grundlage des Signalmodells aus Gl. (6.1) erfolgt die Schätzung $\hat{n}_1$ aus dem Messsignal $y(n)$. Dazu muss das Signalmodell durch passende

Wahl der Parameter σ_1, σ_2 und l an die Messdaten $y(n)$ angepasst werden. Dies wird durch Maximierung der Likelihood-Funktion

$$f(y(n)\,|\,\sigma_1,\,\sigma_2,\,l) = \prod_{n=0}^{l-1} \frac{1}{\sqrt{2\pi}\sigma_1} \cdot \exp\left(-\frac{1}{2\sigma_1^2}\,(e_1(n))^2\right)$$

$$\cdot \prod_{n=l}^{N-1} \frac{1}{\sqrt{2\pi}\sigma_2} \cdot \exp\left(-\frac{1}{2\sigma_2^2}\,(e_2(n))^2\right) \tag{6.5}$$

erreicht [26]. Mit Gl. (6.1) ergibt sich

$$f(y(n)\,|\,\sigma_1,\,\sigma_2,\,l) = \left(\frac{1}{\sqrt{2\pi}\sigma_1}\right)^{l} \cdot \exp\left(-\frac{1}{2\sigma_1^2}\sum_{n=0}^{l-1}(y(n))^2\right)$$

$$\cdot \left(\frac{1}{\sqrt{2\pi}\sigma_2}\right)^{N-l-1} \cdot \exp\left(-\frac{1}{2\sigma_2^2}\sum_{n=l}^{N-1}(y(n))^2\right). \tag{6.6}$$

Aufgrund der Monotonie des Logarithmus wird im Folgenden die logarithmierte Likelihood-Funktion maximiert:

$$L(y(n)\,|\,\sigma_1,\,\sigma_2,\,l) = \log\left(f(y(n)\,|\,\sigma_1,\,\sigma_2,\,l)\right)$$

$$= -\frac{l}{2}\log(2\pi) - \frac{l}{2}\log(\sigma_1^2) - \frac{1}{2\sigma_1^2}\sum_{n=0}^{l-1}(y(n))^2$$

$$- \frac{N-l-1}{2}\log(2\pi) - \frac{N-l-1}{2}\log(\sigma_2^2) - \frac{1}{2\sigma_2^2}\sum_{n=0}^{l-1}(y(n))^2.$$

$$\tag{6.7}$$

Zur Maximierung werden die partiellen Ableitungen nach den Modellparametern σ_1^2 und σ_2^2 gebildet:

$$\frac{dL(y(n)\,|\,\sigma_1,\,\sigma_2,\,l)}{d\sigma_1^2} = -\frac{l}{2\sigma_1^2} + \frac{1}{2\,(\sigma_1^2)^2}\sum_{n=0}^{l-1}(y(n))^2 \overset{!}{=} 0$$

$$\Rightarrow \quad \hat{\sigma}_1^2 = \frac{1}{l}\sum_{n=0}^{l-1}(y(n))^2 \tag{6.8}$$

und

$$\frac{\mathrm{d}L(y(n)\,|\,\sigma_1,\,\sigma_2,\,l)}{\mathrm{d}\sigma_2^2} = -\frac{N-l-1}{2\sigma_2^2} + \frac{1}{2\,(\sigma_2^2)^2} \sum_{n=l}^{N-1} (y(n))^2 \overset{!}{=} 0$$

$$\Rightarrow \quad \hat{\sigma}_2^2 = \frac{1}{N-l-1} \sum_{n=l}^{N-1} (y(n))^2 \, . \tag{6.9}$$

Die Ableitung nach dem Parameter l kann nicht in geschlossener Form dargestellt werden. Deshalb werden die Ausdrücke für $\hat{\sigma}_1^2$ und $\hat{\sigma}_2^2$ in Gl. (6.7) eingesetzt:

$$L(y(n)\,|\,\sigma_1,\,\sigma_2,\,l)$$

$$= -\frac{l}{2} \log\left(\frac{1}{l} \sum_{n=0}^{l-1} (y(n))^2\right)$$

$$- \frac{N-l-1}{2} \log\left(\frac{1}{N-l-1} \sum_{n=l}^{N-1} (y(n))^2\right)$$

$$\underbrace{-\frac{l}{2}(1+\log(2\pi)) - \frac{N-l-1}{2}(1+\log(2\pi))}_{=\text{konst.}} \, . \tag{6.10}$$

Die Funktion aus Gl. (6.10) nimmt ihr Maximum an der Stelle $l = n_1$ an. Nach [27] erfolgt eine Multiplikation mit dem Faktor -2, was auf die AIC-Funktion

$$\mathrm{AIC}(l) = l \cdot \log\left(\frac{1}{l} \sum_{n=0}^{l-1} (y(n))^2\right)$$

$$+ (N-l-1) \cdot \log\left(\frac{1}{N-l-1} \sum_{n=l}^{N-1} (y(n))^2\right) \tag{6.11}$$

führt. Der Zeitpunkt $l = n_1$ fällt dabei auf das globale Minimum der AIC-Funktion

$$\mathrm{AIC}(l) \xrightarrow{l=n_1} \min . \tag{6.12}$$

Bei genauerer Betrachtung von Gl. (6.8) und Gl. (6.9) wird deutlich, dass es sich jeweils um die Stichprobenvarianz [23] auf den entsprechenden

Intervallen handelt, falls

$$\bar{y} = \frac{1}{N-l-1} \sum_{n=l}^{N-1} y(n) = 0 \tag{6.13}$$

gilt, wie in Gl. (6.2) angenommen. Dieses einfache Signalmodell erfor-

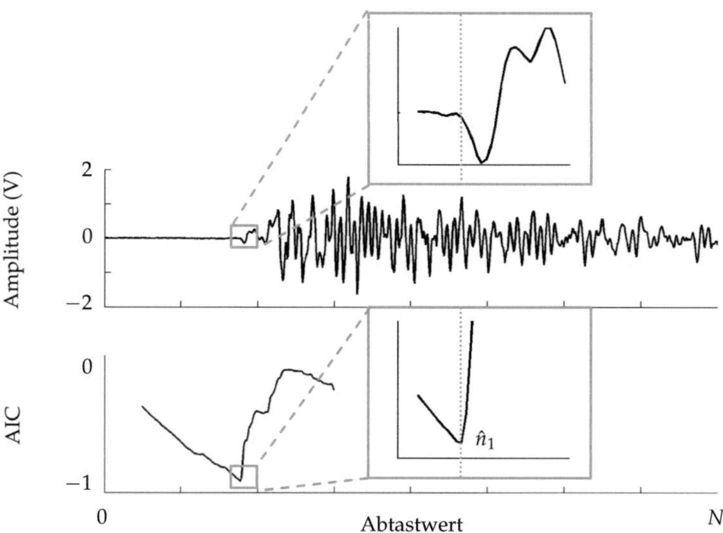

Abbildung 6.3 Detektion des Auftrittszeitpunkts $n = n_1$ eines transienten Signals

dert kein apriori-Wissen über den Kurvenverlauf des Messsignals und ist daher allgemein, d. h. unabhängig von Sensorposition, Motor- und Injektortyp einsetzbar. Abbildung 6.3 demonstriert die sichere Detektion des Auftrittszeitpunkts n_1 eines transienten Messsignals, in diesem Fall eine Klopfsensormessung während der Kraftstoffeinspritzung. Als Auftrittszeitpunkt wird der Zeitpunkt definiert, zudem eine merkliche Auslenkung des Signalverlaufs registriert werden kann. Die mit diesem Verfahren erzielte Genauigkeit bei der Detektion des Zeitpunkts n_1 ist für die spätere Anwendung absolut ausreichend.

Die Einheit des AIC entspricht $s \cdot \log\left(V^2/s\right)$. Der Übersichtlichkeit wegen wird im Folgenden auf das Mitführen dieser wenig aussagekräftigen

Einheit verzichtet und das AIC auf den Bereich $[0, -1]$ normiert.

6.1.2 Change-Point Detection

Das Change-Point Problem beschäftigt sich mit der Detektion abrupter Änderungen, d. h. Änderungen innerhalb weniger Abtastperioden $T_a = 1/f_a$ in der Charakteristik eines Messsignals $y(n)$, $n = 0, \ldots, N-1$. Die Change-Point Detection (CPD) kann im Gegensatz zum Akaike Informationskriterium auch für die Detektion abrupter Änderungen innerhalb eines Signalverlaufs verwendet werden. Die Signalcharakteristik wird durch einen Parameter θ, wie z. B. den Mittelwert, die Varianz oder die spektrale Leistungsdichte, beschrieben. Der Signalparameter θ unterteilt das Messsignal $y(n)$ in einzelne Segmente $s = 1, \ldots, S$. Innerhalb eines Segments s ist der Parameter θ annähernd konstant. An den Segmentgrenzen n_s, den sog. Change-Points, ändert sich der Wert des Signalparameters sprungartig.

Zur Veranschaulichung zeigt Abbildung 6.4 ein Beispiel für eine solche Signalsegmentierung. Das Beispielsignal wird in $S = 6$ Segmente unter-

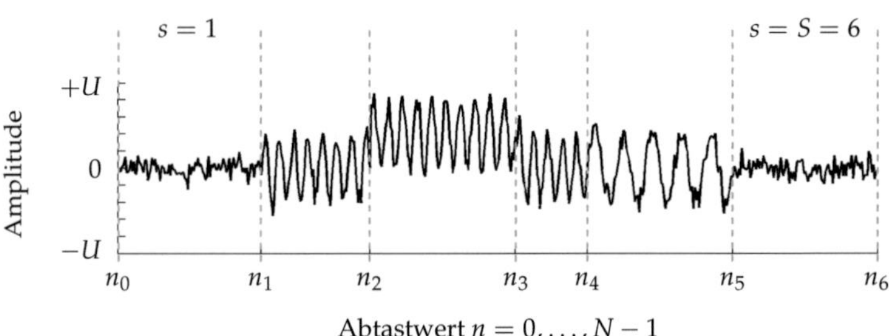

Abbildung 6.4 Segmentierung eines Beispielsignals mit Hilfe des Change-Point Verfahrens

teilt. Die Aufteilung von Segment $s = 1$ und $s = 2$ erfolgt beispielsweise anhand des Parameters $\theta = \mathrm{var}(y(t))$, die von $s = 2$ und $s = 3$ mittels $\theta = \bar{y}(t)$. Change-Point n_4 ergibt sich durch einen abrupten Sprung in der Momentanfrequenz des Messsignals.

Im Folgenden wird die Methode der Change-Point Detection analog zu [5, 30, 31] hergeleitet und für die spätere Verwendung zur BOI- und EOI-

Detektion angepasst. Dazu wird eine Sequenz

$$c(n) = \begin{cases} 1 & \text{, für} \quad n = n_s \\ 0 & \text{, sonst} \end{cases} \tag{6.14}$$

eingeführt, die die Werte 0 oder 1 annimmt, je nachdem, ob ein Change-Point im jeweiligen Abtastpunkt n vorliegt oder nicht. Die Anzahl der Segmente lässt sich somit durch die Summe

$$S = \sum_{n=0}^{N-1} c(n) \tag{6.15}$$

bestimmen. Die Lösung des Change-Point Problems ist nun äquivalent zur Schätzung der Sequenz $c(n)$. Die Wahrscheinlichkeitsverteilung von $c = c(n)$ zu einem diskreten Zeitpunkt $n \in [0, N-1]$ kann durch eine Null-Eins-Verteilung bzw. eine Bernoulli-Verteilung beschrieben werden [21]:

$$f_C(c) = \lambda^c (1-\lambda)^{1-c} \quad \text{mit} \quad c \in \{0, 1\} \quad \text{und} \quad \lambda \in [0, 1]. \tag{6.16}$$

Ohne Einschränkung der Allgemeinheit wird angenommen, dass die Auftrittszeitpunkte n_s der Change-Points stochastisch unabhängig voneinander sind. Die Verbund-Wahrscheinlichkeitsdichte der Sequenz $c(n)$ lässt sich folglich in geschlossener Form darstellen:

$$f(c(n)) = \prod_{n=0}^{N-1} f_C(c(n)) = \lambda^S (1-\lambda)^{N-S}. \tag{6.17}$$

Die Lösung des Change-Point-Problems entspricht dem Maximum der Wahrscheinlichkeitsdichte von $c(n)$ für ein gegebenes Messsignal $y(n)$. Dies lässt sich durch die bedingte Wahrscheinlichkeitsdichte $f(c(n)|y(n))$ ausdrücken, welche gerade der A-posteriori Dichte entspricht. Die Schätzung der Sequenz $c(n)$ ergibt sich daher als Maximum A-posteriori Schätzwert

$$\hat{c}(n) = \arg\max_{c(n)} f(c(n)|y(n)). \tag{6.18}$$

Die A-posteriori Dichte hängt vom Parameter θ ab. Der Übersichtlichkeit wegen wird der Parameter im Folgenden allerdings weggelassen. Durch die Umformung der A-posteriori Dichte mit Hilfe der Formel von Bayes

$$f(c(n)|y(n)) = \frac{f(y(n)|c(n)) \cdot f(c(n))}{f(y(n))} \tag{6.19}$$

ergibt sich

$$\hat{c}(n) = \arg\max_{c(n)} \left\{ f(y(n)\,|\,c(n)) \cdot \lambda^S (1-\lambda)^{N-S} \right\}. \tag{6.20}$$

Die Dichtefunktion $f(y(n)\,|\,c(n))$ entspricht dabei der Likelihood-Dichte. Wie bereits im vorherigen Abschnitt nutzt man auch hier die Monotonie des Logarithmus und bildet die logarithmierte Likelihood-Dichte

$$L(y(n)\,|\,c(n)) = \log\left\{ f(y(n)\,|\,c(n)) \right\}. \tag{6.21}$$

Somit ergibt sich:

$$\hat{c}(n) = \arg\max_{c(n)} \left\{ \log\left\{ f(y(n)\,|\,c(n)) \right\} + \log\left\{ \lambda^S (1-\lambda)^{N-S} \right\} \right\} \tag{6.22}$$

$$= \arg\max_{c(n)} \left\{ L(y(n)\,|\,c(n)) + S \cdot \log\left(\frac{\lambda}{1-\lambda} \right) + N \cdot \log(1-\lambda) \right\} \tag{6.23}$$

$$= \arg\max_{c(n)} \left\{ L(y(n)\,|\,c(n)) + S \cdot \log\left(\frac{\lambda}{1-\lambda} \right) \right\}. \tag{6.24}$$

Die Negation des Ausdrucks führt auf das Minimierungsproblem

$$\hat{c}(n) = \arg\min_{c(n)} \left\{ -L(y(n)\,|\,c(n)) + S \cdot \log\left(\frac{1-\lambda}{\lambda} \right) \right\} \tag{6.25}$$

$$= \arg\min_{c(n)} \left\{ -L(y(n)\,|\,c(n)) + \beta \cdot S \right\}, \tag{6.26}$$

wobei

$$\beta = \log\left(\frac{1-\lambda}{\lambda} \right). \tag{6.27}$$

Die Schätzung $\hat{c}(n)$ der Change-Points erfolgt somit durch Minimierung der Kontrastfunktion

$$H(y(n), \theta) = -L(y(n)\,|\,c(n), \hat{\theta}_s) + \beta \cdot S. \tag{6.28}$$

Der erste Term der Kontrastfunktion entspricht der negierten log-Likelihood-Funktion. Der Wert des zweiten Summanden steigt in Abhängigkeit der Anzahl S der Segmente an. Durch die Wahl des Faktors β kann die Anzahl der detektierten Change-Points beeinflusst werden. Für kleine

Werte für β werden auch kleine Änderungen in der Signalcharakteristik als Change-Point erkannt.

Wie auch die A-posteriori Dichte hängt die Likelihood-Dichte vom Parameter θ ab. Dieser wird daher auf jedem einzelnen Segment s durch den Maximum-Likelihood-Schätzwert $\hat{\theta}_s$ ersetzt. Die log-Likelihood-Funktion kann in die S Segmente unterteilt werden:

$$L(y(n)\,|\,c(n)) = \sum_{s=1}^{S} L\left(y(n_{s-1}+1),\,\ldots,y(n_s)\,|\,c(n),\,\hat{\theta}_s\right), \qquad (6.29)$$

mit $n_0 = 0$ und $n_S = N - 1$. Gemäß der Herleitung und [31] lassen sich die Change-Points n_s durch Minimierung von

$$H(y(n),\theta) = \frac{1}{N} \sum_{s=1}^{S} G\left(y(n_{s-1}+1),\,\ldots,y(n_s)\right) + \beta \cdot S \qquad (6.30)$$

ermitteln, wobei

$$G\left(y(n_{s-1}+1),\,\ldots,y(n_s)\right) = -L\left(y(n_{s-1}+1),\,\ldots,y(n_s)\,|\,c(n),\,\hat{\theta}_s\right)$$
$$(6.31)$$

der negierten log-Likelihood-Funktion entspricht.

Wie nun Gl. (6.30) zur Bestimmung der Change-Points n_s zum Einsatz kommt, ist Gegenstand der folgenden Betrachtungen.

Änderungen im Mittelwert und der Varianz

Die Sequenz $y(n)$ wird auf den einzelnen Segmenten s durch

$$y(i) = \mu + e(i) \quad \text{mit} \quad n_{s-1} + 1 \leq i \leq n_s \qquad (6.32)$$

modelliert, wobei $e(i)$ ein Gauß'scher weißer Rauschprozess mit der Varianz σ_e^2 und μ der Mittelwert der Sequenz innerhalb des Segments ist. Für den Parameter, anhand dessen die Segmentierung, d. h. die Change-Point Detection erfolgen soll, gilt

$$\theta_s = \left[\mu,\,\sigma_e^2\right]. \qquad (6.33)$$

Analog zu den Betrachtungen in Abschnitt 6.1.1 lässt sich die log-Likelihood-Funktion bestimmen:

$$L\left(y(n_{s-1}+1), \ldots, y(n_s)\,|\,\mu,\,\sigma_e^2\right)$$

$$= \log\left(\left(\frac{1}{\sqrt{2\pi}\sigma_e}\right)^{n_s-n_{s-1}} \exp\left(-\frac{1}{2\sigma_e^2} \sum_{i=n_{s-1}+1}^{n_s} (y(i)-\mu)^2\right)\right) \tag{6.34}$$

$$= -\frac{1}{2}(n_s-n_{s-1})\log(2\pi) - \frac{1}{2}(n_s-n_{s-1})\log(\sigma_e^2)$$

$$- \frac{1}{2\sigma_e^2} \sum_{i=n_{s-1}+1}^{n_s} (y(i)-\mu)^2\,. \tag{6.35}$$

Die Likelihood-Schätzwerte $\hat{\mu}$ und $\hat{\sigma}_e^2$ berechnen sich zu

$$\frac{\mathrm{d}L\left(y(n_{s-1}+1), \ldots, y(n_s)\,|\,\mu,\,\sigma_e^2\right)}{\mathrm{d}\mu} = \frac{1}{\sigma_e^2} \sum_{i=n_{s-1}+1}^{n_s} (y(i)-\mu) \overset{!}{=} 0$$

$$\Rightarrow \quad \hat{\mu} = \frac{1}{n_s-n_{s-1}} \sum_{i=n_{s-1}+1}^{n_s} y(i) \tag{6.36}$$

und

$$\frac{\mathrm{d}L\left(y(n_{s-1}+1), \ldots, y(n_s)\,|\,\mu,\,\sigma_e^2\right)}{\mathrm{d}\sigma_e^2}$$

$$= -\frac{n_s-n_{s-1}}{2\sigma_e^2} + \frac{1}{2(\sigma_e^2)^2} \sum_{i=n_{s-1}+1}^{n_s} (y(i)-\mu)^2 \overset{!}{=} 0$$

$$\Rightarrow \quad \hat{\sigma}_e^2 = \frac{1}{n_s-n_{s-1}} \sum_{i=n_{s-1}+1}^{n_s} (y(i)-\hat{\mu})^2\,. \tag{6.37}$$

Mit den Likelihood-Schätzwerten $\hat{\mu}$ und $\hat{\sigma}_e^2$ aus Gl. (6.36) und Gl. (6.37) vereinfacht sich der Ausdruck aus Gl. (6.35) und man erhält

$$L\left(y(n_{s-1}+1), \ldots, y(n_s)\,|\,\hat{\mu},\,\hat{\sigma}_e^2\right)$$

$$= -\frac{1}{2}(n_s-n_{s-1})\left(\log\left(\hat{\sigma}_e^2\right) + \log(2\pi) + 1\right)\,. \tag{6.38}$$

Nach Gl. (6.31) lässt sich die Kontrastfunktion G auf dem Segment s aus der negierten Log-Likelihood-Funktion bestimmen:

$$G\left(y(n_{s-1}+1), \ldots, y(n_s)\right) = (n_s - n_{s-1}) \log\left(\hat{\sigma}_e^2\right).$$ (6.39)

Der Ausdruck wurde entsprechend vereinfacht, da dieser gemäß Gl. (6.30) minimiert werden muss. Daher ergibt sich analog zu [30, 31] die Kontrastfunktion

$$H(y(n), \theta) = \frac{1}{N} \sum_{s=1}^{S} \sum_{i=n_{s-1}+1}^{n_s} (n_s - n_{s-1}) \log(\hat{\sigma}_e^2) + \beta \cdot S,$$ (6.40)

mit den Likelihood-Schätzwerten $\hat{\mu}$ und $\hat{\sigma}_e^2$ nach Gl. (6.36) bzw. Gl. (6.37). Die abgeleitete Kontrastfunktion G bzw. H kann auch angewandt werden, wenn es sich beim Störprozess $e(i)$ um kein Gauß'sches weißes Rauschen handelt [30]. Die richtige Wahl des Parameters β ist hierbei entscheidend. [49] beschäftigt sich ausführlicher mit dieser Thematik.

Minimierung der Kontrastfunktion

Zur Lösung des Change-Point Problems ist die Minimierung der Kontrastfunktion $H(y(n), \theta)$ erforderlich. Da sowohl die Anzahl S der Segmente und die Segmentgrenzen n_s unbekannt sind, ist das Change-Point Problem analytisch nicht direkt lösbar. Daher ist ein entsprechender Algorithmus zur Minimierung von $H(y(n), \theta)$ notwendig [30]. Nach Gl. (6.30) wird die Kontrastfunktion $H(y(n), \theta)$ durch Summation der Kontrastfunktionen $G\left(y(n_{s-1}+1), \ldots, y(n_s)\right)$ auf den einzelnen Segmenten $s = 1, \ldots, S$ bestimmt. Den Ansatz zur Lösung des Change-Point-Problems bildet daher die Kontrastmatrix

$$\mathbf{G} = \begin{bmatrix} \infty & G_{0,1} & G_{0,2} & \cdots & G_{0,N-1} \\ \infty & \infty & G_{1,2} & \cdots & G_{1,N-1} \\ \infty & \infty & \infty & \cdots & G_{2,N-1} \\ \vdots & \vdots & \vdots & \ddots & \vdots \\ \infty & \infty & \infty & \cdots & \infty \end{bmatrix}$$ (6.41)

der Dimension $N \times N$ mit den Elementen

$$G_{ij} = G\left(y(i), y(i+1), \ldots, y(j)\right) \quad \text{mit} \quad i,j = 0, \ldots, N-1 \quad \text{und} \quad i < j.$$ (6.42)

Die Matrix $\boldsymbol{G}$ beinhaltet die Werte der Kontrastfunktion G auf allen möglichen Intervallen der Sequenz $y(n)$. Die Elemente G_{ij}, d.h. die Funktionen $G\left(y(i), y(i+1), \ldots, y(j)\right)$, werden nach Gl. (6.39) bestimmt. Der Wert des Elements G_{ij} entspricht den Kosten auf dem Segment $n = i, \ldots, j$. Die Elemente G_{ij} mit $i \geq j$ werden zu Unendlich gesetzt, da stets $i < j$ gelten muss.

Ist die Kontrastmatrix nach Gl. (6.41) aufgestellt, muss man eine obere Grenze $S_{\max}$ für die maximale Anzahl an Change-Points in der Sequenz $y(n)$ festlegen. Dabei wird iterativ vorgegangen. Für jedes $S = 1, \ldots, S_{\max}$ wird ein Pfad in der oberen Dreiecksmatrix von $\boldsymbol{G}$ gesucht, für den

$$n_0 = 0 < n_1 < n_2 < \ldots, < n_{S-1} < n_S = N - 1 \tag{6.43}$$

gilt und für den die Kosten

$$H(y(n), \theta) = \frac{1}{N} \sum_{s=1}^{S} G_{n_{s-1} n_s} + \beta \cdot S \tag{6.44}$$

minimal sind. Als Ergebnis erhält man für jedes $S = 1, \ldots, S_{\max}$ eine Segmentierung des Signals $y(n)$ und die dabei anfallenden Kosten H. Wie man aus dieser Ergebnismenge die optimale Segmentierung auswählt, wird an einem Beispiel verdeutlicht.

Betrachtet wird das Beispielsignal aus Abbildung 6.5. Zu den Zeitpunkten $n_1 = 250$ und $n_2 = 650$ liegen Sprünge in der Signalamplitude vor. Zur Segmentierung des Signals anhand des vorgestellten Verfahrens wird eine maximale Anzahl an Change-Points von $S_{\max} = 10$ festgelegt und die Kontrastmatrix $\boldsymbol{G}$ aufgestellt. Da es sich bei den zu detektierenden Change-Points um abrupte Änderungen in der Varianz des Signals $y(n)$ handelt, eignet sich Gl. (6.39) zur Bestimmung der Matrixelemente G_{ij}. Für jedes $S = 1, \ldots, S_{\max}$ bestimmt man die Kosten nach Gl. (6.44), wobei hier der Einfachheit halber $\beta = 0$ gesetzt wird. Das mittlere Diagramm in Abbildung 6.5 zeigt die Kosten in Abhängigkeit der Anzahl an Change-Points. Deutlich zu erkennen ist ein Knick bei $S = 3$. Für $S > 3$ ändert sich der Wert von $H(y(n), \theta)$ nur unwesentlich, für jedoch $S < 3$ entscheidend. Daher stellt $S = 3$ eine gute Lösung dar. Für eine ausführliche Darstellung der Schätzung der optimalen Segmentanzahl sei auf [30] verwiesen. Im Falle $S = 3$ berechnen sich die von den Segmentgrenzen n_1 und

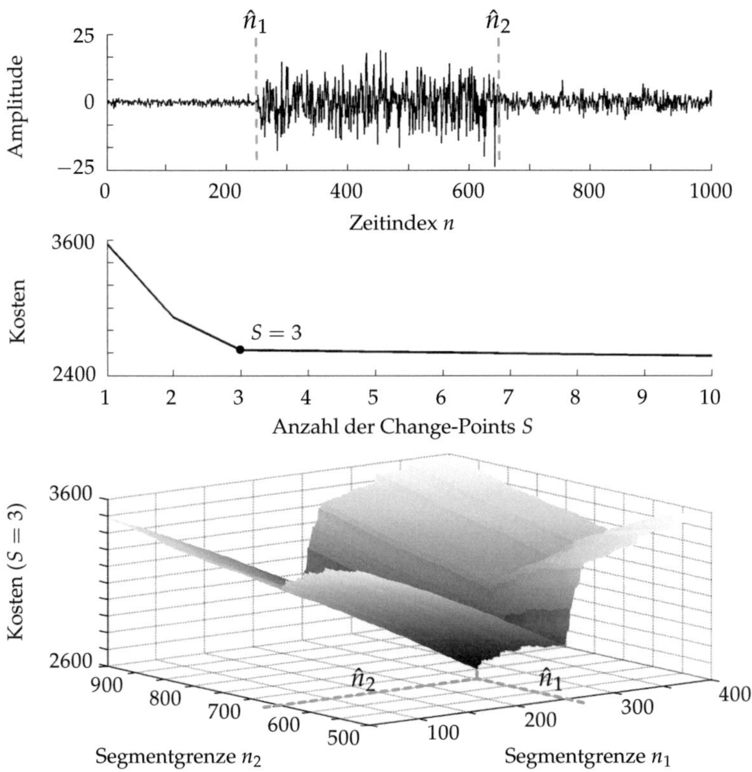

Abbildung 6.5 Segmentierung eines Signals mit Hilfe des Change-Point Verfahrens: Beispielsignal (oben), Kosten in Abhängigkeit der Anzahl an Change-Points (Mitte) und Kosten für $S = 3$ (unten)

n_2 abhängigen Kosten gemäß Gl. (6.44):

$$H(n_1,n_2) = \frac{1}{N}\left(G_{0,n_1} + G_{n_1,n_2} + G_{n_2,N-1}\right) . \tag{6.45}$$

Abbildung 6.5 zeigt, dass sich die Segmentgrenzen n_1 und n_2 durch die Minimierung

$$H_y(n_1,n_2) \xrightarrow{\hat{n}_1,\hat{n}_2} \min \tag{6.46}$$

sicher detektieren lassen. Wie beim AIC wird auch hier zugunsten der Übersichtlichkeit auf das Mitführen der Einheit der Kostenfunktion verzichtet. Diese wird stattdessen im Folgenden stets auf das Intervall $[0, -1]$ normiert.

Die Durchführung dieses Minimierungsproblems erfolgt mit Hilfe eines Algorithmus zur Dynamischen Programmierung mit einem Rechenaufwand der Größenordnung $\mathcal{O}(N^2)$. Die Struktur sowie die Implementierung eines solchen Algorithmus können in [32] nachgelesen werden.

6.1.3 Vergleich mit Signalmuster

Bisher wurden Methoden vorgestellt, mit denen der Auftrittszeitpunkt einer Körperschallemission oder eine abrupte Änderung innerhalb eines Körperschallsignals detektiert werden können. Bereits in Abschnitt 3.3 wurde gezeigt, dass die Schallemissionen während der Kraftstoffeinspritzung einen stark systematischen Verlauf aufweisen. Aufgrund der präzisen Bewegung der Injektornadel erfolgt eine definierte Anregung des Zylinderkopfs. Das (y, T_i)-Diagramm zeigte, dass die einzelnen Ereignisse während der Kraftstoffeinspritzung definierte Körperschallemissionen verursachen, die sich nach dem Superpositionsprinzip zeitlich und räumlich überlagern. In Abschnitt 4.4.2 wurde ein einfaches Signalmodell für den Vollhub- und den Teilhub-Bereich hergeleitet. Es wurde gezeigt, dass sich eine beliebige Körperschallmessung $y(n)$ mit Hilfe der Wellenpakete $\Phi_{\mathrm{BOI}}(n)$ und $\Phi_{\mathrm{EOI}}(n)$ im Teilhub-Bereich bzw. mit $\Phi_{\mathrm{BPL}}(n)$ und $\Phi_{\mathrm{EOI}}(n)$ im Vollhub-Bereich annähern lässt, vgl. hierzu Abbildung 4.10.

Ein möglicher Ansatz zur Detektion des Einspritzbeginns und des Einspritzendes besteht im Vergleich des Messsignals $y(n)$ mit den Signalmustern $\Phi_j(n)$, $j = \mathrm{BOI}, \mathrm{BPL}, \mathrm{EOI}$. Der Vergleich erfolgt anhand eines Ähnlichkeitsmaßes wie der Kreuzkorrelationsfolge

$$r_{y\Phi}(l) = \sum_{n=0}^{N-1} y(n) \cdot \Phi_j(n-l) \quad \xrightarrow{l} \quad \max \tag{6.47}$$

oder der quadratischen Abweichung

$$d_{y\Phi}(l) = \sum_{n=0}^{N-1} (y(n) - \Phi(n-l))^2 \quad \xrightarrow{l} \quad \min. \tag{6.48}$$

Abschnitt 4.4.3 zeigte, wie sich die Wellenpakete für die Ereignisse BOI, BPL und EOI bestimmen lassen. $\Phi_{\mathrm{BPL}}(n)$ bezeichnet dabei die gemeinsamen Körperschallemissionen von BOI und EPL. Dieses Signalmuster findet im Vollhub-Bereich Anwendung.

Eine einfache und zugleich leicht implementierbare Ausführung der Kreuzkorrelation ist die Tristate-Korrelation. Dabei überführt man das Messsignal $y(n)$ und das Signalmuster $\Phi(n)$ durch

$$y_{\mathrm{TS}}(n) = \begin{cases} 1 & \text{für} \quad y(n) > S_{th}^+ \\ 0 & \text{für} \quad S_{th}^- < y(n) < S_{th}^+ \\ -1 & \text{für} \quad y(n) < S_{th}^- \end{cases} \qquad (6.49)$$

und

$$\Phi_{\mathrm{TS}}(n) = \begin{cases} 1 & \text{für} \quad \Phi(n) > S_{th}^+ \\ 0 & \text{für} \quad S_{th}^- < \Phi(n) < S_{th}^+ \\ -1 & \text{für} \quad \Phi(n) < S_{th}^- \end{cases} \qquad (6.50)$$

in trinäre Signale. S_{th}^+ und S_{th}^- sind Schwellwerte, die sich in Anlehnung an die Betrachtungen aus Abschnitt 5.2.1 aus der Varianz σ^2 und dem Mittelwert μ des Hintergrundrauschens bestimmen lassen:

$$S_{th}^+ = \mu + c \cdot \sigma, \qquad (6.51)$$

$$S_{th}^- = \mu - c \cdot \sigma. \qquad (6.52)$$

Das Hintergrundrauschen wird als Gauß'scher weißer Rauschprozess modelliert. Wird $c = 3$ gewählt, liegt der Rauschprozess zu 99,73% im 3σ-Konfidenzintervall. Da der Tristate-Korrelator nur 2-bit Eingangssignale verarbeitet, ist seine Implementierung auf einem Steuergerät mit weniger Aufwand und Speicherbedarf verbunden als im Falle eines konventionellen Korrelators. Die eigentliche Kreuzkorrelation kann man durch einen Komparator und einen Zähler ersetzen. Abbildung 6.6 veranschaulicht eine mögliche Implementierung des Tristate-Korrelators. Die Kreuzkorrelation von $y_{\mathrm{TS}}(n)$ mit $\Phi_{\mathrm{TS}}(n)$ erfolgt in einem diskreten Zeitintervall $[l_1, l_2]$ anhand eines Zählers $z(l)$. Das Messsignal $y(n)$ und das Signalmuster $\Phi(n)$ werden nach Gl. (6.49) bzw. Gl. (6.50) in trinäre Signale gewandelt. Das Signalmuster wird entsprechend um l_1 Nullen ergänzt. Für jede diskrete Verschiebung $l \in [l_1, l_2]$ wird über einen Komparator der Abstand

$$d = |y_{\mathrm{TS}}(n) - \Phi_{\mathrm{TS}}(n - l)| \qquad (6.53)$$

bestimmt. In Abhängigkeit des Abstands d wird der Zählerstand $z(l)$ ver-

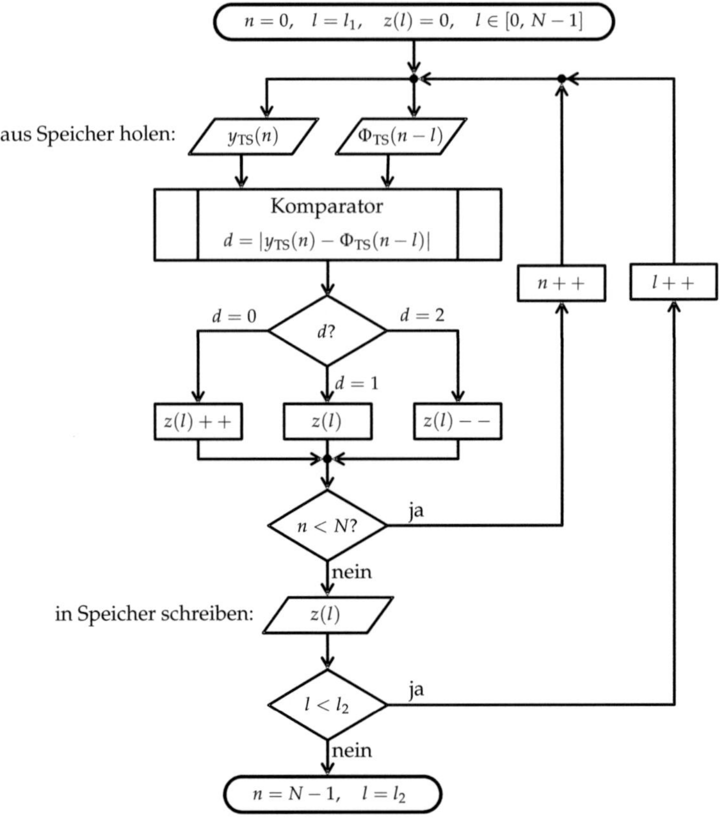

Abbildung 6.6 Realisierung der Tristate-Korrelation

ändert. Ein möglicher Ansatz bildet

$$z(l) = \begin{cases} z(l) + 1, & \text{für} \quad d = 0 \\ z(l), & \text{für} \quad d = 1 \\ z(l) - 1, & \text{für} \quad d = 2 \end{cases} \tag{6.54}$$

was einer Belohnung für $d = 0$ und einer Bestrafung für $d = 2$ entspricht. Das Resultat dieses Vorgehens ist eine Sequenz $z(l)$, die für jede diskrete Verschiebung l im Intervall $[l_1, l_2]$ einen Zählerwert aufweist. Die Sequenz z nimmt ihr Maximum an der Stelle ein, an der sich Messsignal $y(n)$ und Muster $\Phi(n)$ am ähnlichsten sind.

6.2 Signalvorverarbeitung

Die Schätzung $\hat{T}_\mathrm{o}$ der tatsächlichen Öffnungsdauer des Magnet-Injektors im Arbeitspunkt (T_i, p) wird auf Basis von M Klopfsensormessungen $Y(T_i, p) \in \mathbb{R}^{M \times N}$ durchgeführt. Vor der Schätzung der Auftrittszeitpunkte des Einspritzbeginns $\hat{n}_\mathrm{BOI}$ und des Einspritzendes $\hat{n}_\mathrm{EOI}$ erfolgt eine Vorverarbeitung der Körperschallmessungen $Y(T_i, p)$. In Abbildung 6.7 ist das Vorgehen, wie es in dieser Arbeit vorgeschlagen wird, dargestellt. Zunächst werden Ausreißer, d. h. grobe Messfehler, aussor-

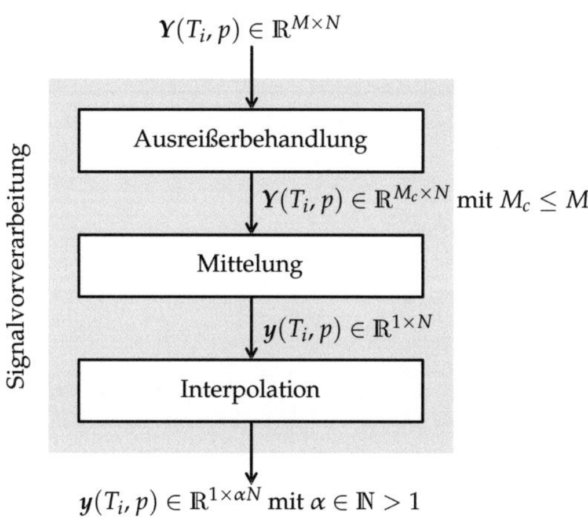

Abbildung 6.7 Signalvorverarbeitung

tiert, da es vorkommen kann, dass eine oder mehrere der M Körperschallmessungen fehlerhaft sind. Das Resultat der Vorverarbeitung ist die Sequenz $y(T_i, p) \in \mathbb{R}^{1 \times \alpha N}$, welche im Wesentlichen durch eine Ausreißerbehandlung, eine Scharmittelwertbildung und eine Upsampling-Operation aus den M Messungen $Y(T_i, p)$ hervorgeht. Auf die einzelnen Verarbeitungsschritte wird nun genauer eingegangen.

6.2.1 Clusteranalyse

Bei der Aufnahme der Messreihe $Y(T_i, p)$ kann es passieren, dass einzelne Körperschallmessungen durch unerwartete Störeinflüsse oder durch Systemfehler verfälscht werden. Da sich der Messfehler in solch einem Fall auf eine einzelne Messung konzentriert, muss diese erkannt und entsprechend ausgesondert werden. Für diese Aufgabe eignet sich die Clusteranalyse.

Die Clusteranalyse ordnet Objekte nach bestimmten Eigenschaften in Gruppen, sogenannte Cluster. Objekte, die der gleichen Gruppe angehören, sind bezüglich der gewählten Eigenschaft untereinander ähnlich. Objekte aus verschiedenen Gruppen dagegen unterscheiden sich entsprechend. Mit Hilfe der Clusteranalyse lassen sich somit Signale ihrem Verlauf gemäß in Gruppen aufteilen. Dadurch ist eine Ausreißerbehandlung möglich.

Die Ähnlichkeit zweier Objekte lässt sich mathematisch durch ein Distanzmaß beschreiben. Die Wahl des Distanzmaßes ist stark von den zu ordnenden Objekten abhängig. Für die Clusterung von Signalen eignen sich metrische Distanzmaße, die die einzelnen Signale als Sequenzen auffassen. Im Falle der hier betrachteten Signale erweist sich der Einsatz des Euklidischen Abstands als geeignet. Die Distanz zwischen zwei Signalen $y_1(n)$ und $y_2(n)$ $(n = 1,2,\ldots,N)$ bestimmt sich dabei zu

$$d(\boldsymbol{y}_1, \boldsymbol{y}_2) = \sqrt{\sum_{n=0}^{N-1} (y_1(n) - y_2(n))^2}\,. \tag{6.55}$$

Für die M Messungen $y_1(n)$, $y_2(n)$,$\ldots$, $y_M(n)$ lassen sich die paarweise berechneten Distanzen in einer Distanzmatrix

$$\boldsymbol{D} = \begin{bmatrix} d(\boldsymbol{y}_1, \boldsymbol{y}_1) & d(\boldsymbol{y}_1, \boldsymbol{y}_2) & \cdots & d(\boldsymbol{y}_1, \boldsymbol{y}_M) \\ 0 & d(\boldsymbol{y}_2, \boldsymbol{y}_2) & \cdots & d(\boldsymbol{y}_2, \boldsymbol{y}_M) \\ \vdots & \vdots & \ddots & \vdots \\ 0 & 0 & \cdots & d(\boldsymbol{y}_M, \boldsymbol{y}_M) \end{bmatrix} \tag{6.56}$$

zusammenfassen. Diese bildet die Basis der Clusteranalyse. Im Folgenden wird eine einfache Methode zur Clusterbildung aufgezeigt. Es existieren zahlreiche Verfahren für diese Aufgabe, welche hier nicht weiter verfolgt werden sollen. Eine Übersicht findet sich in [2].

Die generelle Vorgehensweise eines hierarchischen, agglomerierenden Clusteralgorithmus [3] ist in Abbildung 6.8 illustriert. Verarbeitet werden

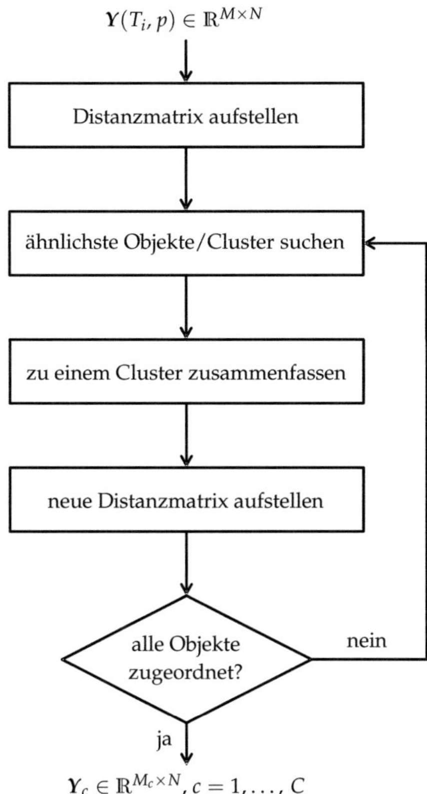

Abbildung 6.8 Vorgehensweise eines hierarchischen, agglomerierenden Clusteralgorithmus [3]

dabei die M Klopfsensormessungen, die in der Matrix $Y(T_i, p) \in \mathbb{R}^{M \times N}$ abgelegt sind. Zunächst wird die Distanzmatrix D nach Gl. (6.55) und Gl. (6.56) ermittelt. Innerhalb der Matrix werden die beiden Sequenzen y_i und y_j $(i, j = 1, \ldots, M, i \neq j)$ mit der geringsten Distanz $d(y_i, y_j)$ zu einem Cluster zusammengefasst. Dieser Cluster stellt ein neues Objekt dar. Zu den $M - 1$ Objekten wird die neue Distanzmatrix bestimmt und anschließend wieder nach den beiden Objekten mit dem geringsten Distanzmaß gesucht. Diese Verarbeitungsschritte wiederholen sich so lange, bis alle Objekte einem Cluster angehören. Das Resultat des Vorgehens aus Abbildung 6.8 sind C Cluster $\mathbf{Y}_c \in \mathbb{R}^{M_c \times N}$, $c = 1, \ldots, C$. Jeder Cluster enthält M_c Objekte, d. h. Klopfsensormessungen. Die Objekte innerhalb eines Clusters haben untereinander geringe Abstände, wohingegen Objekte unterschiedlicher Cluster größere Distanzwerte aufweisen.

Neben der Wahl des Distanzmaßes gibt es verschiedene Ansätze für den dritten Verarbeitungsschritt, das Zusammenfassen der ähnlichsten Objekte zu einem Cluster. Dies wird durch ein sog. Linkage-Verfahren beschrieben. Eine weit verbreitete Anwendung findet das Single-Linkage-Verfahren: Die Zuordnung des Objekts $\mathbf{y}_m$ beispielsweise zu den Clustern c_1 und c_2 entscheidet sich durch die minimale Distanz zwischen $\mathbf{y}_m$ und einem der M_1 Objekte aus $\mathbf{Y}_1$ oder einem der M_2 Objekte aus $\mathbf{Y}_2$.

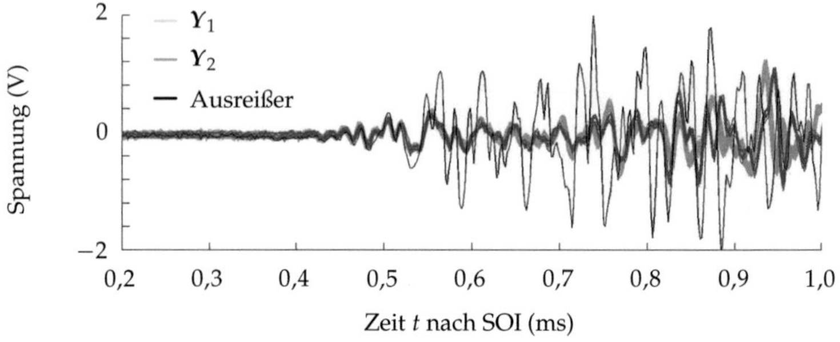

Abbildung 6.9 Signalvorverarbeitung durch Clusteranalyse

Abbildung 6.9 zeigt eine Clusteranalyse einer Messreihe $\mathbf{Y}(T_i, p)$ mit $M = 100$ Einspritzungen. Die Signalvorverarbeitung wird mit dem Cluster $\mathbf{Y}_c$ weitergeführt, dessen Objektanzahl M_c am höchsten ist. Im Falle des betrachteten Beispiels wird die Vorverarbeitung auf Basis von $\mathbf{Y}_1$ durchgeführt. Dadurch wird die weitere Signalverarbeitung durch den Ausreißer nicht weiter beeinträchtigt.

6.2.2 Hauptkomponentenanalyse

Eine weitere Möglichkeit der Ausreißerbehandlung bietet die Hauptkomponentenanalyse in Form der Karhunen-Loeve-Transformation (KLT). Diese dient der Approximation von Signalen, die als stochastischer Prozess modelliert werden. Zur Herleitung der KLT [26] werden im Folgenden die Signale vektoriell dargestellt. Für das als mittelwertfrei betrachtete Messsignal $y(n)$, $n = 0, \ldots, N-1$ gilt daher:

$$y = (y(1), y(2), \ldots, y(N))^T \, . \tag{6.57}$$

Der Vektor y stellt eine Musterfunktion eines stochastischen Prozesses dar. Die KLT bestimmt eine orthonormale Basisentwicklung dieses Prozesses

$$\boldsymbol{\varphi}_i = (\varphi_i(1), \varphi_i(2), \ldots, \varphi_i(N))^T \, , \quad \text{mit} \quad i = 1, \ldots, N \, . \tag{6.58}$$

Die Basisentwicklung lässt sich mit der spaltenweisen Anordnung der orthonormalen Basisfunktionen $\boldsymbol{\varphi}_i$ zusammenfassen:

$$\boldsymbol{\Phi} = \begin{bmatrix} \varphi_1(1) & \varphi_2(1) & \ldots & \varphi_N(1) \\ \vdots & \vdots & \ddots & \vdots \\ \varphi_1(N) & \varphi_2(N) & \ldots & \varphi_N(N) \end{bmatrix} . \tag{6.59}$$

Aufgrund der Orthonormalität der Basisfunktionen gilt

$$\langle \boldsymbol{\varphi}_i, \boldsymbol{\varphi}_j \rangle = \delta_{ij} = \begin{cases} 0 & i \neq j \\ 1 & i = j \end{cases} , \quad j = 1, \ldots, N, \tag{6.60}$$

bzw.

$$\boldsymbol{\Phi}^T \boldsymbol{\Phi}^* = \boldsymbol{E}, \tag{6.61}$$

wobei E die Einheitsmatrix darstellt. Wenn man mit $b = (b_1, b_2, \ldots, b_N)^T$ den bei der diskreten KLT gewonnenen Koeffizientenvektor bezeichnet, so ist im statistischen Mittel die Reihenentwicklung

$$y = \boldsymbol{\Phi} \, b \tag{6.62}$$

gültig. Die Koeffizienten b berechnen sich durch

$$b = \boldsymbol{\Phi}^{T*} \, y, \tag{6.63}$$

bzw.

$$b_i = \boldsymbol{\varphi}_i^{T*} y \, . \tag{6.64}$$

Die Karhunen-Loeve-Entwicklung soll unkorrelierte Koeffizienten b_i liefern. Daher gilt für den Erwartungswert

$$E\left\{ b_i b_j^* \right\} = \lambda_j \cdot \delta_{ij}, \quad i, j = 1, \ldots, N \, . \tag{6.65}$$

Setzt man in diese Gleichung den Ausdruck für die b_i aus Gl. (6.64) ein, so erhält man

$$\mathrm{E}\left\{\boldsymbol{\varphi}_i^{T*}\,\boldsymbol{y}\,\boldsymbol{y}^{T*}\,\boldsymbol{\varphi}_j\right\}$$

$$= \boldsymbol{\varphi}_i^{T*}\,\mathrm{E}\left\{\boldsymbol{y}\cdot\boldsymbol{y}^{T*}\right\}\,\boldsymbol{\varphi}_j \tag{6.66}$$

$$= \boldsymbol{\varphi}_i^{T*}\,\boldsymbol{C}_{yy}\,\boldsymbol{\varphi}_j \tag{6.67}$$

$$= \lambda_j\cdot\delta_{ij}, \tag{6.68}$$

wobei $\boldsymbol{y}$ als mittelwertfrei angenommen wird und $\boldsymbol{C}_{yy}$ die Kovarianzmatrix von $\boldsymbol{y}$ bezeichnet. Aufgrund der geforderten Orthonormalität der Basisvektoren $\boldsymbol{\varphi}_i$ aus Gl. (6.60) ist

$$\boldsymbol{\varphi}_i^{T*}\,\boldsymbol{C}_{yy}\,\boldsymbol{\varphi}_j = \lambda_j\cdot\boldsymbol{\varphi}_i^{T*}\cdot\boldsymbol{\varphi}_j \tag{6.69}$$

gültig, was auf die Eigenwertgleichung der Kovarianzmatrix führt:

$$\boldsymbol{C}_{yy}\,\boldsymbol{\varphi}_j = \lambda_j\cdot\boldsymbol{\varphi}_j. \tag{6.70}$$

Die Bestimmung der Basisvektoren $\boldsymbol{\varphi}_j$ entspricht somit der Lösung des Eigenwertproblems aus Gl. (6.70). Die Kovarianzmatrix $\boldsymbol{C}_{yy} \in \mathbb{R}^{N\times N}$ ist symmetrisch, positiv definit oder positiv semidefinit. Es existieren daher N Eigenwerte λ_j, zu denen N linear unabhängige Eigenvektoren $\boldsymbol{\varphi}_j$ gehören. Eigenvektoren zu verschiedenen Eigenwerten sind orthogonal zueinander. Eigenvektoren zu m-fachen Eigenwerten können durch Orthogonalisierungsverfahren, wie z. B. nach Gram-Schmidt, in m orthogonale Vektoren überführt werden. Der Eigenvektor $\boldsymbol{\varphi}_j$, der zum größten Eigenwert λ_j gehört, folgt dem mittleren Signalverlauf des Messsignals $\boldsymbol{y}$ am stärksten.

Wie nun die KLT für die Vorverarbeitung einer Messreihe $Y(T_i, p)$ an Körperschallsignalen zu M Kraftstoffeinspritzungen im Arbeitspunkt (T_i, p) genutzt werden kann, soll im Folgenden vorgestellt werden. Die M Messsignale $\boldsymbol{y}_1, \ldots, \boldsymbol{y}_M$ werden zunächst in einer Matrix zusammengefasst

$$Y = \begin{bmatrix} y_1(0) & y_2(0) & \cdots & y_M(0) \\ y_1(1) & y_2(1) & \cdots & y_M(1) \\ \vdots & \vdots & \ddots & \vdots \\ y_1(N-1) & y_2(N-1) & \cdots & y_M(N-1) \end{bmatrix}. \tag{6.71}$$

Dabei subtrahiert man für jede einzelne Messung den jeweiligen Scharmittelwert

$$\bar{y}_m = \frac{1}{N}\sum_{n=1}^{N} y_m(n)\,,\, m = 1,\dots,M\,.\tag{6.72}$$

Auf Basis der Messmatrix Y kann die Kovarianzmatrix geschätzt werden

$$C_{yy} = \mathrm{E}\left\{Y\cdot Y^{T*}\right\} \approx \frac{1}{N}\,Y\cdot Y^{T*}\,.\tag{6.73}$$

Im nächsten Schritt werden aus der $N\times N$-Kovarianzmatrix die N Eigenwerte λ_j, $j = 1,\dots,N$ und die dazugehörigen Eigenvektoren φ_j bestimmt. Die Eigenwerte werden der Größe nach sortiert. Abbildung 6.10 zeigt die 10 größten Eigenwerte einer Beispielmessung, wie sie im letzten Teilabschnitt bereits präsentiert wurde. Lediglich zwei Eigenwerte wei-

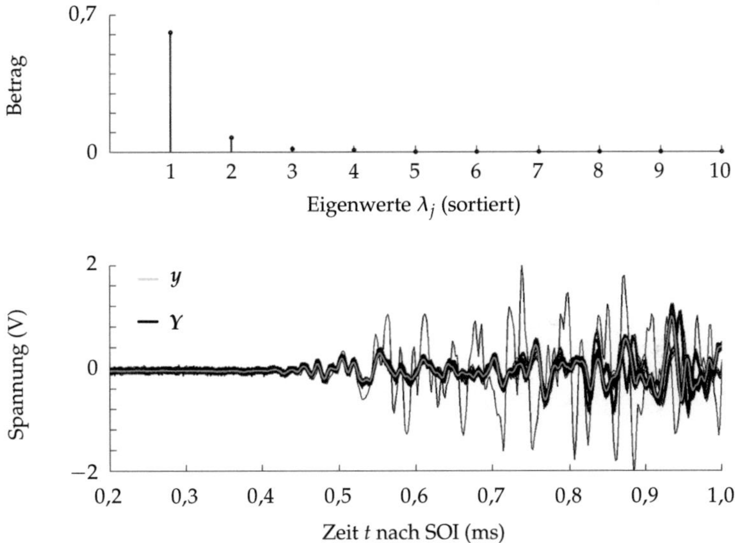

Abbildung 6.10 Signalvorverarbeitung durch die Hauptkomponentenanalyse

sen verhältnismäßig hohe Beträge auf. Der zum größten Eigenwert gehörige Eigenvektor ist im unteren Diagramm von Abbildung 6.10 in grauer Farbe eingezeichnet. Dieser Eigenvektor entspricht der Hauptkomponente der M Körperschallmessungen. Die Ausreißer und das Systemrauschen verteilen sich auf die restlichen Eigenwerte bzw. Eigenvektoren.

Trotz der überzeugenden Ergebnisse der KLT eignet sich die Hauptkomponentenanalyse nur bedingt für die im Rahmen dieser Arbeit untersuchte Anwendung. Für eine gute Schätzung der Kovarianzmatrix nach Gl. (6.73) benötigt man ausreichend viele Körperschallmessungen, um die Signalstatistik in ausreichendem Maße zu erfassen. Die Anzahl der zur Kalibrierung erforderlichen Einspritzungen ist aber für die praktische Anwendung z. B. auf einem Steuergerät oder einem Prüfstand aus Zeitgründen möglichst gering zu halten. Aus diesem Grund wird im Falle einer möglichen Realisierung des Konzepts die Ausreißerbehandlung mittels Clusteranalyse vorgeschlagen, gefolgt von einer Scharmittelwertbildung zur Unterdrückung des Hintergrundrauschens.

6.2.3 Signalrekonstruktion

Die Abtastfrequenz f_a ist ausschlaggebend für eine präzise Schätzung $\hat{T}_o$ der tatsächlichen Öffnungsdauer. Sie stellt eine Grenze für die zu erreichende Genauigkeit der BOI- und der EOI-Detektion

$$\hat{t}_{BOI} = \frac{\hat{n}_{BOI}}{f_a}, \tag{6.74}$$

$$\hat{t}_{EOI} = \frac{\hat{n}_{EOI}}{f_a}, \tag{6.75}$$

dar. Wie die Frequenzanalyse in Abschnitt 4.5 zeigte, sind im Klopfsensorsignal keine wesentlichen Signalanteile für Frequenzen $f > 60\,\text{kHz}$ enthalten. Nach dem Theorem von Nyquist ist eine Abtastfrequenz von $f_a > 120\,\text{kHz}$ erforderlich. Diese Betrachtungen beziehen sich auf das ungefilterte Klopfsensorsignal, das auch die Sensorresonanz $f_r \approx 50\,\text{kHz}$ beinhaltet.

Aus den Grundlagen der digitalen Signalverarbeitung [24] ist bekannt, dass sich das Spektrum $y_*(f) = \mathcal{F}\{y_*(t)\}$ des abgetasteten Signals

$$y_*(t) = y(t) \cdot \sum_{n=-\infty}^{\infty} \delta\left(t - \frac{n}{f_a}\right) \tag{6.76}$$

aus den um die Abtastfrequenz f_a periodischen Wiederholungen des ursprünglichen Spektrums $y(f) = \mathcal{F}\{y(t)\}$ zusammensetzt:

$$y_*(f) = f_a \cdot \sum_{i=-\infty}^{\infty} y(f - i\,f_a). \tag{6.77}$$

Das zeitdiskrete Signal $y(n)$ wird jedoch nur im Nyquistband $f \in [-f_a/2, f_a/2]$ betrachtet. Dadurch ergibt sich das rekonstruierte Signal als eine Rechteckfensterung des Nyquistbands:

$$\hat{y}(f) = y_*(f) \cdot \frac{1}{f_a} r_{f_a}(f) \; \bullet\!\!-\!\!\circ \; y(t) = y_*(t) * \mathcal{F}^{-1}\left\{\frac{1}{f_a} r_{f_a}(f)\right\} . \tag{6.78}$$

Mit Gl. (6.76) folgt

$$\hat{y}(t) = \sum_{n=-\infty}^{\infty} y\left(\frac{n}{f_a}\right) \delta\left(t - \frac{n}{f_a}\right) * \frac{\sin(\pi f_a t)}{\pi f_a t}$$

$$= \sum_{n=-\infty}^{\infty} y\left(\frac{n}{f_a}\right) \cdot \frac{\sin(\pi f_a(t - n/f_a))}{\pi f_a(t - n/f_a)} . \tag{6.79}$$

Bei Einhaltung des Abtasttheorems bilden die zeitverschobenen Si-Funktionen ein orthonormales Basissystem. Die Koeffizienten der Basisentwicklung sind gerade die Abtastwerte $y(n/f_a)$. Gl. (6.79) zeigt, wie das Signal $y(t)$ unter Einhaltung des Abtasttheorems rekonstruiert werden kann. Die Rekonstruktion besteht aus einem symmetrischen Rechteckfenster, dass nur Frequenzanteile im Nyquistband durchlässt. Die Multiplikation mit dem Rechteckfenster im Frequenzbereich entspricht der Faltung mit der Si-Funktion im Zeitbereich. Daher kann diese Signalrekonstruktion durch eine Filterung mit der Impulsantwort

$$g_{CH}(t) = \frac{\sin(\pi f_a t)}{\pi f_a t} \tag{6.80}$$

beschrieben werden. Das sog. Cardinal-Hold-Filter ist jedoch eine akausale Filterung, da zu jedem Zeitpunkt alle Abtastwerte benötigt werden. Dies spielt für den Einsatz bei der Signalvorverarbeitung keine Rolle, da diese erst nach der Signalaufnahme, sozusagen „offline" durchgeführt wird.

Ein Beispiel für die Leistungsfähigkeit der Signalrekonstruktion mit Hilfe des Cardinal-Hold-Filters ist in Abbildung 6.11 zu sehen. Betrachtet wird eine Körperschallmessung $y(n)$, die jeweils mit $f_{a,1} = 500\,\text{kHz}$ und $f_{a,2} = 125\,\text{kHz}$ abgetastet wird. Gemäß den Ergebnissen der Frequenzanalyse aus Abschnitt 4.5.7 erfüllen beide Abtastfrequenzen das Nyquist-Theorem. Es wird nun das Messsignal $y_2(n)$, welches mit $f_{a,2}$ abgetastet wurde, mit dem Cardinal-Hold-Filter verarbeitet. Ein Vergleich mit $y_1(n)$ zeigt einen nahezu identischen Verlauf.

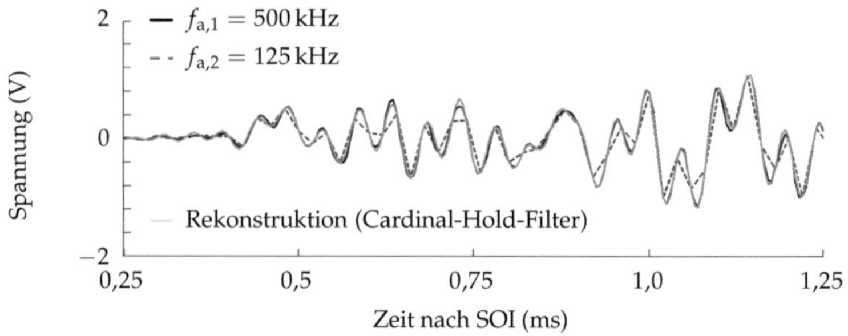

Abbildung 6.11   Rekonstruktion eines Messsignals

Neben dem hier beschriebenen Cardinal-Hold-Filter existieren noch andere Methoden zur Signalrekonstruktion bzw. Interpolation. Ähnliche Ergebnisse liefert beispielsweise das Verfahren des Zero-Paddings [24].

6.3 BOI-Detektion

Der Einspritzbeginn stellt das erste Ereignis nach dem Ansteuerbeginn dar, das zu Schallemissionen führt. Eine erste Schätzung des Auftrittszeitpunkts n_{BOI} im Klopfsensorsignal ergibt sich aus der Körperschalllaufzeit T_{ks} und der erwarteten Anzugsdauer $\text{E}\left\{T_{\text{an}}\right\}$

$$\text{E}\left\{n_{\text{BOI}}\right\} = \text{E}\left\{T_{\text{an}}\right\} + T_{\text{ks}}\,. \tag{6.81}$$

Der Erwartungswert $\text{E}\left\{T_{\text{an}}\right\}$ entspricht dabei der mittleren Anzugsdauer für den betrachteten Injektortyp. Dieser Wert lässt sich durch Mittelung einer ausreichend großen Stichprobe ermitteln. Ist zusätzlich die Varianz σ_{BOI}^2 des Auftrittszeitpunkts des Einspritzbeginns für den betrachteten Injektortyp bekannt, so kann ein Zeitfenster definiert werden, in dem der Zeitpunkt n_{BOI} mit hoher Wahrscheinlichkeit liegen muss. Somit reduziert sich der Suchraum. Eine sicherere Detektion wird gewährleistet und der Rechenaufwand sinkt entsprechend.

Die Schätzung $\hat{n}_{\text{BOI}}$ des Auftrittszeitpunkts des Einspritzbeginns im Klopfsensorsignal $y(n)$ erfolgt durch die Detektion einer abrupten Änderung in der Signalcharakteristik von $y(n)$. Dazu geht man gemäß Abbildung 6.12 vor. Das vorverarbeitete Klopfsensorsignal wird zunächst im Zeitbereich gefenstert. Den einfachsten Ansatz hierzu stellt eine Rechteckfensterung um $\text{E}\left\{n_{\text{BOI}}\right\}$ mit einer geeigneten Intervallbreite dar. Aus

$$y(n), \ n = 0, \ldots, N - 1$$

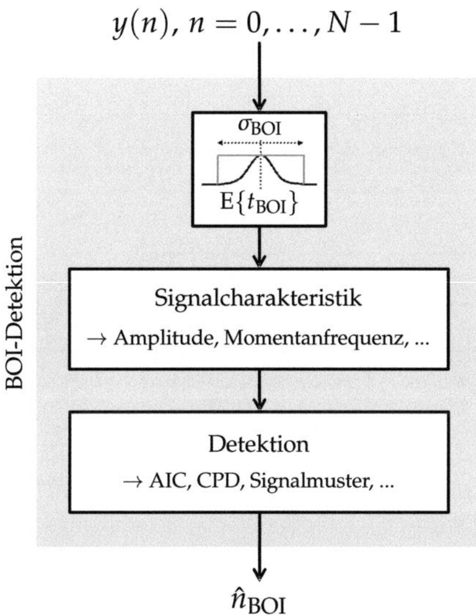

Abbildung 6.12 Verarbeitungsschritte bei der Schätzung des Zeitpunkts des Einspritzbeginns

dem gefensterten Signal wird daraufhin die Signalcharakteristik bestimmt, anhand der die BOI-Detektion mit Hilfe der Methoden aus Abschnitt 6.1 durchgeführt wird. Die folgenden Teilabschnitte zeigen, anhand welcher Signalcharakteristika sich der Zeitpunkt des Einspritzbeginns aus einer Körperschallmessung bestimmen lässt.

6.3.1 Signalamplitude

Schon in Kapitel 3.3 wurde deutlich, dass der Einspritzbeginn im Körperschallsignal einen abrupten Anstieg der Signalenergie, also der Signalamplitude, auslöst. Für die Detektion des Auftrittszeitpunkts eines transienten Signals eignet sich das Akaike Informationskriterium, wie es in Abschnitt 6.1.1 hergeleitet wurde. Durch Minimierung von $\mathrm{AIC}(y(n))$ kann daher der Zeitpunkt des Einspritzbeginns ermittelt werden:

$$\hat{n}_{\mathrm{BOI}} = \arg \min_{n} \left\{ \mathrm{AIC}(y(n)) \right\} . \tag{6.82}$$

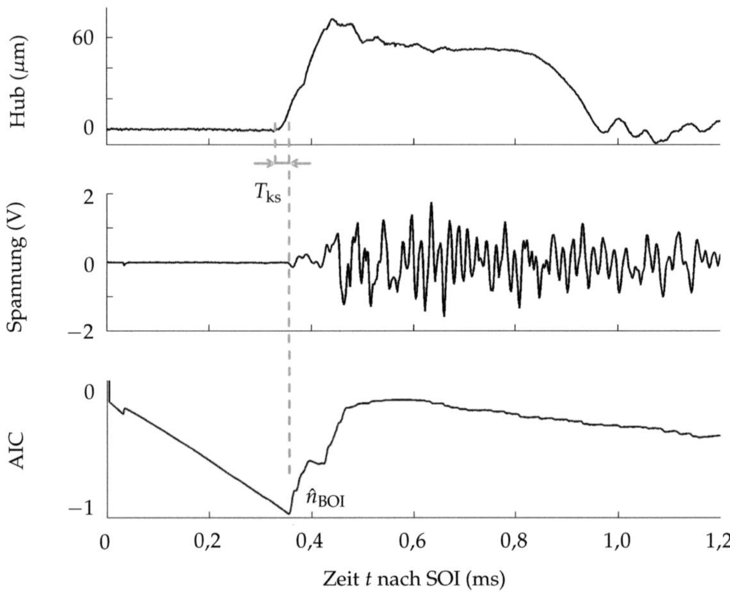

Abbildung 6.13 Detektion des BOI mit Hilfe des AIC über eine Messung am Nadelhubprüfstand

In Abbildung 6.13 ist der Verlauf des Akaike Informationskriteriums für eine Körperschallmessung mit einem in unmittelbarer Nähe des Magnet-Injektors befindlichen Klopfsensor abgebildet. Der Vergleich mit dem simultan aufgezeichneten Verlauf $h(t)$ des Nadelhubs zeigt die präzise Detektion unter Anwendung des AIC.

Dass dieser einfache Ansatz auch im realen Motorbetrieb funktioniert, demonstriert Abbildung 6.14. Dargestellt ist eine Klopfsensormessung am gleichen Motortyp (GM L850) wie in Abschnitt 5.2. Die Messdatenaufnahme erfolgte jedoch in diesem Fall nicht am Motorprüfstand, sondern direkt am Fahrzeug (Typ Opel Insignia 2.0T) auf einem Rollenprüfstand. Betrachtet wird der Arbeitspunkt ($T_i = 1{,}5\,\mathrm{ms}$, $p = 10\,\mathrm{MPa}$). Die Anwendung der Methode liefert auch hier ein zuverlässiges Ergebnis für $\hat{n}_{\mathrm{BOI}}$. Da in diesem Motortyp Dämpfungselemente, sogenannte Entkopplungselemente, auf der Auflagefläche des Ventilsitzes verbaut sind, ist das Nachhallen der Körperschallwellen stark gedämpft. Aus diesem Grund ist auch das Einspritzende im zeitlichen Verlauf von $y(n)$ erkenn-

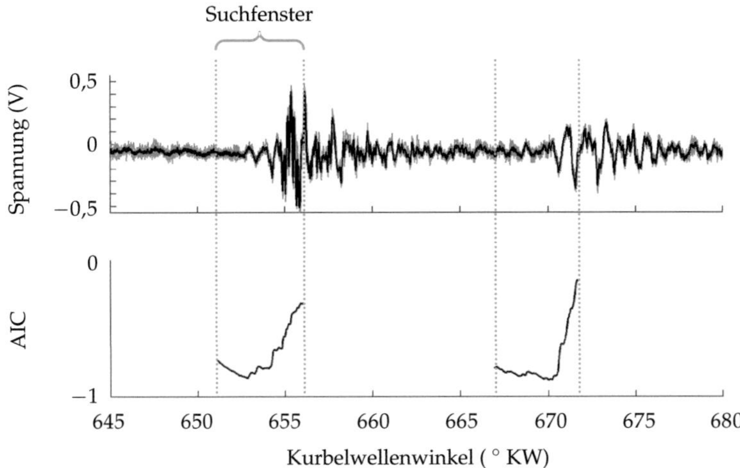

Abbildung 6.14 Detektion des BOI mit Hilfe des AIC über $M = 5$ Messungen im realen Motorlauf: Messungen in grau, Scharmittelwert in schwarz

bar und mit dem Akaike Informationskriterium detektierbar. Die Ergebnisse bei Verwendung der Change-Point Detection für die Schätzung des Einspritzbeginns sind nahezu identisch. Aufgrund der einfachen Implementierbarkeit des AIC ist dieses jedoch der CPD vorzuziehen.

6.3.2 Momentanfrequenz

Eine Alternative zur Charakterisierung des Körperschallsignals bietet die Momentanfrequenz. Die Momentanfrequenz ist ein Maß für den mittleren Frequenzgehalt eines Signals über der Zeit. Gemäß den getroffenen Voraussetzungen stellt der Einspritzbeginn das erste Ereignis nach dem Ansteuerbeginn dar, das Körperschallemissionen verursacht. Im Zeitintervall $[t_{\mathrm{SOI}}, t_{\mathrm{BOI}}]$ besteht das Messsignal daher lediglich aus dem Störprozess, der in Abschnitt 5.2.1 als Gauß'sches weißes Rauschen modelliert wurde. Auf diesem Segment nimmt die Momentanfrequenz keinen festen Wert an, sondern ist aufgrund des breitbandigen Rauschprozesses von Abtastwert zu Abtastwert stark veränderlich. Aufgrund der systematischen Nadelbewegung treten zum Zeitpunkt des Einspritzbeginns definierte Frequenzanteile im Sensorsignal auf. Dies hat zur Folge, dass die

Momentanfrequenz einen abrupten Sprung aufweist, welcher sich mittels der vorgestellten Verfahren des AIC oder der Change-Point Detection finden lässt.

Zunächst erfolgt die Definition der Momentanfrequenz f_y eines reellen Signals $y(t)$ gemäß [38]:

$$f_y(t) = \frac{1}{2\pi} \frac{d\varphi(t)}{dt} \,.$$
(6.83)

Dabei bezeichnet $\varphi(t)$ die Signalphase. Ville [45] definierte die Momentanfrequenz als die Ableitung der Phase des zugehörigen analytischen Signals

$$y_A(t) = y(t) + j\mathcal{H}\{y(t)\} \,.$$
(6.84)

Für die Momentanfrequenz gilt folglich

$$f_y(t) = \frac{1}{2\pi} \frac{d}{dt}\{\arg(y_A(t))\} \,.$$
(6.85)

Der Operator $\mathcal{H}\{.\}$ steht hierbei für die Hilbert-Transformation. Das analytische Signal $y_A(t)$ ist ein komplexwertiges Signal der Form

$$y_A(t) = a(t)\, e^{j\varphi(t)} \,.$$
(6.86)

Es setzt sich zusammen aus der komplexen Einhüllenden

$$a(t) = \sqrt{y^2(t) + \mathrm{Im}^2\{y_A(t)\}} \,,$$
(6.87)

welche dem Betrag des analytischen Signals entspricht, und dem Phasensignal

$$\varphi(t) = \arg\left(y_A(t)\right) = \tan^{-1}\left(\frac{y(t)}{\mathrm{Im}\{y_A(t)\}}\right) \,,$$
(6.88)

welches das Argument des komplexwertigen Signals $y_A(t)$ darstellt.

Die Berechnung der Momentanfrequenz kann demnach aus dem analytischen Signal erfolgen. Dazu muss jedoch die Hilbert-Transformation realisiert werden, wofür verschiedene Ansätze existieren. Da das analytische Signal gemäß Definition nur Frequenzanteile für $f > 0$ aufweist, besteht ein möglicher Ansatz in der Transformation des Signals $y(t)$ in den Frequenzbereich mit anschließendem Nullsetzen der Frequenzanteile $f < 0$. Das komplexwertige Signal $y_A(t)$ erhält man durch Rücktransformation in den Zeitbereich [33]. Eine zweite Methode, die Hilbert-Transformation umzusetzen, basiert auf diskreten Filtern. Die Übertragungsfunktion des Hilbert-Filters ist dabei durch

$$
H(f) = \begin{cases} j & \text{für} \quad f > 0 \\ \text{-j} & \text{für} \quad f = 0 \\ 0 & \text{sonst} \end{cases} \tag{6.89}
$$

gegeben. Hierbei handelt es sich jedoch um ein akausales Filter. Zur Bestimmung der Hilbert-Transformierten $y_A(t)$ muss das Signal $y(t)$ daher über dem gesamten Beobachtungsintervall $t \in [0, T]$ vorliegen. Da die Öffnungsdauerschätzung „offline" erfolgen soll, spielt diese Einschränkung keine Rolle. Weitere Filteransätze zur Hilbert-Transformation finden sich in [40, 44].
Im zeitdiskreten Fall bestimmt sich die Momentanfrequenz $f_y(n)$, $n \in [0, N-1]$, über den Differenzenquotienten der zeitdiskreten Signalphase $\varphi(n)$:

$$
\hat{f}_y(n) = \frac{1}{2\pi} \frac{\varphi(n+1) - \varphi(n-1)}{2 \cdot T_a} , \tag{6.90}
$$

wobei T_a die Abtastdauer ist.
Der Vollständigkeit wegen sei erwähnt, dass es noch weitere Verfahren zur Schätzung der Momentanfrequenz gibt. Zu nennen sind hier vor allem die direkte Quadratur und die Generalized Zero Crossing Methode [19].
Die BOI-Detektion über die Momentanfrequenz $f_y(n)$ soll an einem Klopfsensorsignal aus dem realen Motorbetrieb demonstriert werden. Abbildung 6.15 zeigt eine Haupteinspritzung in Zylinder 1, welche mit Klopfsensor A aufgezeichnet wurde. Wie zuvor sind im oberen Diagramm die einzelnen Klopfsensormessungen $m = 1, \dots, M$ in grau und deren Scharmittelwert in schwarz dargestellt. In der Mitte ist die Momentanfrequenz $\hat{f}_y(n)$ jeder einzelnen Messung gemäß Gl. (6.90) sowie der Scharmittelwert aufgezeichnet. Wie zu Beginn dieses Teilabschnitts angedeutet, nimmt die Momentanfrequenz im Zeitintervall $[t_{SOI}, t_{BOI}]$ keinen definierten Wert an, da das Messsignal nur aus dem Rauschprozess besteht. Durch die systematische Bewegung der Injektornadel zum Einspritzbeginn werden definierte Frequenzen angeregt. Somit springt die Momentanfrequenz, die den mittleren Frequenzgehalt in einem Abtastpunkt repräsentiert, auf einen Wert um $\hat{f}_y(n_{BOI}) \approx 25\,\text{kHz}$. Der deutlich

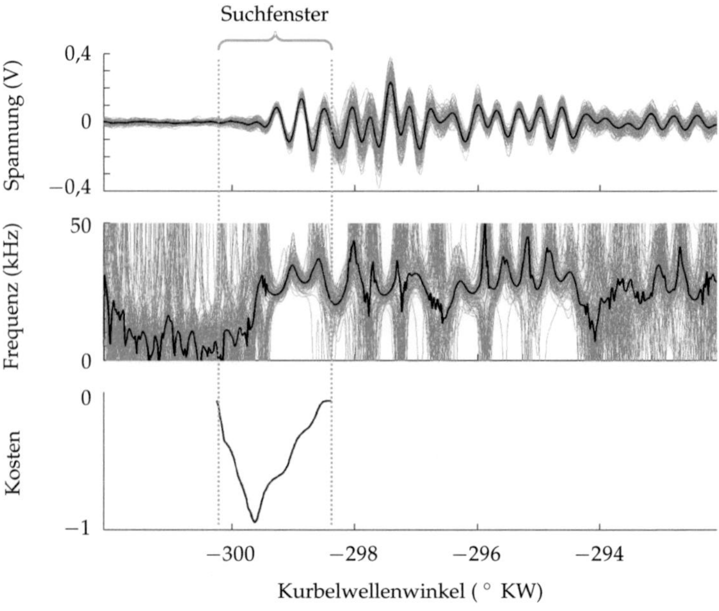

Abbildung 6.15 Klopfsensorsignal im Motorlauf (oben), Ableitung der Signalphase $\varphi(t)$ (Mitte) und Kostenfunktion der Change-Point Detection (unten)

zu erkennende Sprung im Scharmittelwert kann mit Hilfe der Change-Point Detection gefunden werden.

6.3.3 Vergleich mit Signalmuster

Der systematische Verlauf des Klopfsensorsignals erlaubt einen weiteren Ansatz zur BOI-Detektion. Mit dem in Abschnitt 4.4.3 hergeleiteten Signalmustern $\Phi_{\mathrm{BOI}}(n)$ bzw. $\Phi_{\mathrm{BPL}}(n)$ kann eine Schätzung $\hat{n}_{\mathrm{BOI}}$ des Zeitpunkts des Einspritzbeginns durch Anwendung eines Vergleichsmaßes durchgeführt werden. Dazu bietet sich die in Abschnitt 6.1.3 vorgestellte Methode der Tristate-Korrelation an. Durch Anwendung von Gl. (6.49) und Gl. (6.50) lautet die Bestimmungsgleichung für $\hat{n}_{\text{BOI}}$:

$$r_{y\,\Phi}(l) = \sum_{n=0}^{N-1} y_{\text{TS}}(n) \cdot \Phi_{\text{BOI,TS}}(n-l) \quad \overset{l=\hat{n}_{\text{BOI}}}{\longrightarrow} \quad \max, \qquad (6.91)$$

wobei sich der Laufparameter innerhalb des BOI-Suchfensters $l \in [l_1, l_2]$ bewegt. Dies soll an einem realen Klopfsensorsignal demonstriert wer-

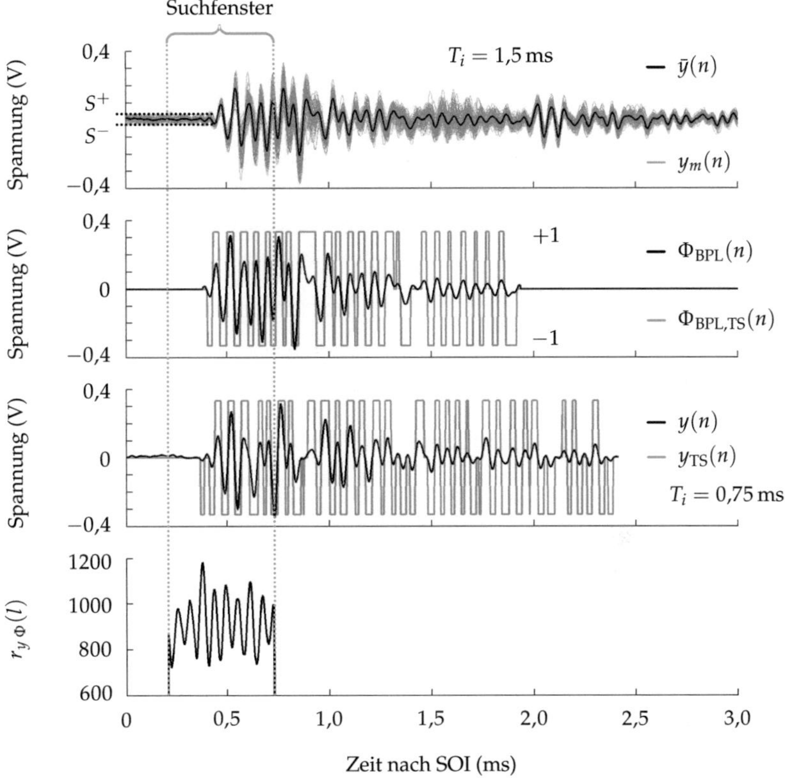

Abbildung 6.16 BOI-Detektion anhand Signalmuster: Von oben nach unten: Extraktion des Signalmusters $\Phi_{\text{BPL}}(n)$ aus Klopfsensormessung, Signalmuster $\Phi_{\text{BPL}}(n)$ und korrespondierendes Tristate-Signal $\Phi_{\text{BPL,TS}}(n)$, Klopfsensormessung $y(n)$ und $y_{\text{TS}}(n)$ für $T_i = 0{,}75\,\text{ms}$, Tristate-Korrelation $r_{y\,\Phi}(l)$, $l \in [l_1, l_2]$

den, siehe Abbildung 6.16. Wie in Abschnitt 4.4.3 bereits gezeigt, wird eine Klopfsensormessung zu einer längeren Einspritzdauer, hier für $T_i = 1{,}5\,\text{ms}$, dazu verwendet, um das Signalmuster $\Phi_{\text{BPL}}(n)$ zu extrahieren. Anhand dieses Signalmusters lässt sich der Einspritzbeginn im Vollhub-Bereich bestimmen. Gezeigt wird das an einer Klopfsensormessung mit einer Ansteuerdauer $T_i = 0{,}75\,\text{ms}$. Sowohl das Signalmuster $\Phi_{\text{BPL}}(n)$ als auch die Klopfsensormessung werden in trinäre Signale umgewandelt. Die Tristate-Korrelation liefert ein eindeutiges Ergebnis für $\hat{n}_{\text{BOI}}$.

6.4 EOI-Detektion

Das Einspritzende stellt die eigentliche Herausforderung bei der Schätzung von $\hat{T}_{\text{o}}$ dar. Die einfache Auswertung eines einzelnen Körperschallsignals im Zeitbereich ist dabei nicht zielführend. Durch Ausnutzung der Erkenntnisse aus der Signalanalyse der letzten Kapitel werden im Folgenden verschiedene Ansätze zur EOI-Detektion vorgeschlagen.

6.4.1 Spektrale Energiedichte

Die Sequenz $y(n)$ des Klopfsensorsignals weist während der Kraftstoffeinspritzung abrupte Änderungen in der spektralen Charakteristik auf. Wie in Kapitel 4 gezeigt, wird zum Einspritzende durch das Nachprellen der Injektornadel eine Prellfrequenz $f = f_{\text{p}}$ angeregt. Diese Spektralanteile finden sich auch im Klopfsensorsignal auf dem Zylinderkurbelgehäuse wieder. Es liegt daher nahe, das Frequenzband um f_{p} für die EOI-Detektion zu nutzen. Vorgeschlagen wird das Vorgehen aus Abbildung 6.17.

Zur EOI-Detektion wird die Signalenergie $E_{y,p}(n)$ als Funktion der diskreten Zeit n im diskreten Frequenzband $[k_1, k_2)$ betrachtet, wobei $f = k \cdot f_{\text{a}}/N$ gilt. Die Anwendung eines einfachen Bandpassfilters im Frequenzbereich $k_1 \cdot f_{\text{a}}/N \leq f_{\text{p}} < k_2 \cdot f_{\text{a}}/N$ führt aufgrund des dabei auftretenden Leckeffekts zu einer nicht ausreichenden Genauigkeit. Daher wird die Energiedichte über die in Abschnitt 4.5 hergeleiteten Zeit-Frequenz-Darstellungen bestimmt. Um den Rechenaufwand möglichst gering zu halten, wird die Abschnitt 4.5.4 definierte S-Methode angewandt. Damit lässt sich die spektrale Energiedichte $E_{y,\text{p}}(n)$ von $y(n)$ im diskreten Fre-

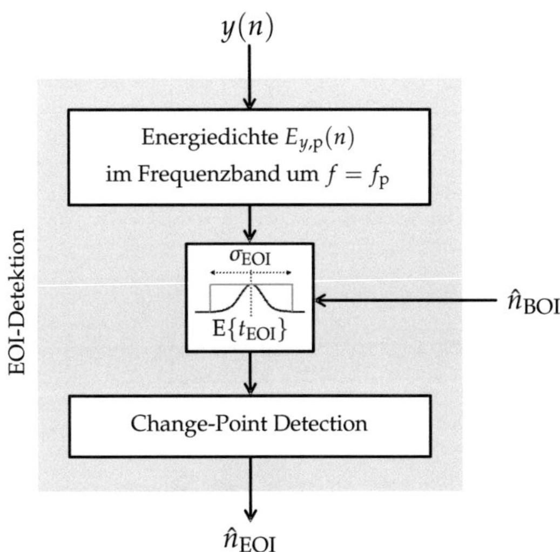

Abbildung 6.17 Verarbeitungsschritte bei der Schätzung des Zeitpunkts des Einspritzendes durch Ausnutzung der Prellfrequenz f_P

quenzband $[k_1, k_2]$ um die Prellfrequenz f_P wie folgt ermitteln:

$$E_{y,\mathrm{p}}(n) = \sum_{k=k_1}^{k_2} \rho_{yy}(n,k)\,. \tag{6.92}$$

Abbildung 6.18 zeigt den zeitlichen Verlauf der Energiedichte $E_{y,p}(n)$ im Frequenzband $14\,\mathrm{kHz} < f < 16\,\mathrm{kHz}$ für eine Klopfsensormessung auf dem Zylinderkopf im Arbeitspunkt ($T_i = 0{,}53\,\mathrm{ms}$, $p = 10\,\mathrm{MPa}$). Die simultan aufgezeichnete Nadelbewegung $h(t)$ dient als Referenz für den Auftrittszeitpunkt des Einspritzendes. Die Körperschalllaufzeit wurde entsprechend kompensiert. Aus dem zeitlichen Verlauf von $E_{y,p}(n)$ lässt sich mit Hilfe der Change-Point Detection aus Abschnitt 6.1.2 eine Schätzung $\hat{n}_{\mathrm{EOI}}$ des Einspritzendes ermitteln.

6.4.2 Vergleich mit weiterem Arbeitspunkt

Die Schätzung des Auftrittszeitpunkts des Einspritzendes aus einem einzelnen Klopfsensorsignal $y(n)$ ist im Gegensatz zum Frequenzbereich

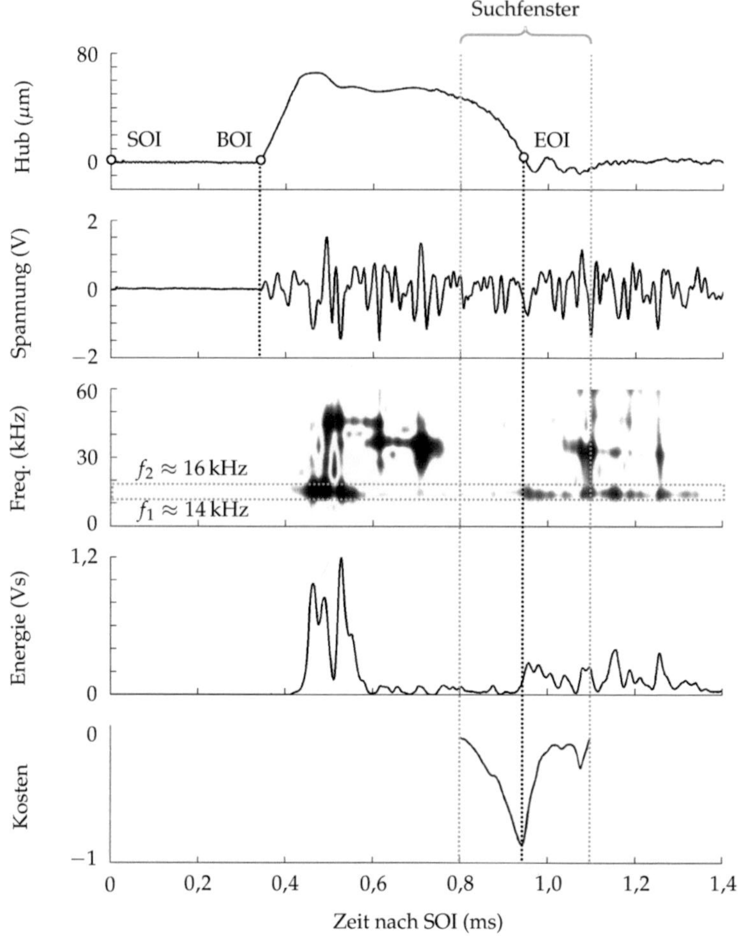

Abbildung 6.18 Zeitlicher Verlauf der Energiedichte $E_{y,\mathrm{p}}(n)$ um die Prellfrequenz f_p

im Zeitbereich nicht ohne weiteres möglich. Mit Abbildung 4.9 aus Abschnitt 4.4 wurde jedoch deutlich, dass die einzelnen Wellenpakete Φ_{BOI}, Φ_{EPL} und Φ_{EOI} im zeitlichen Verlauf des Klopfsensorsignals erkennbar sind, wenn man die Klopfsensorsignale verschiedener Arbeitspunkte miteinander vergleicht. Basierend auf diesen Erkenntnissen, wird im Folgenden ein Ansatz zur Schätzung des Einspritzendes im Arbeitspunkt (T_i, p) vorgestellt, der die Verwendung einer Vergleichsmessung im Arbeitspunkt $(T_i + \Delta T_i, p)$ vorsieht. Der Ablauf des Vorgehens ist in Abbildung 6.19 dargestellt. Die Detektion des Einspritzendes erfolgt aus dem

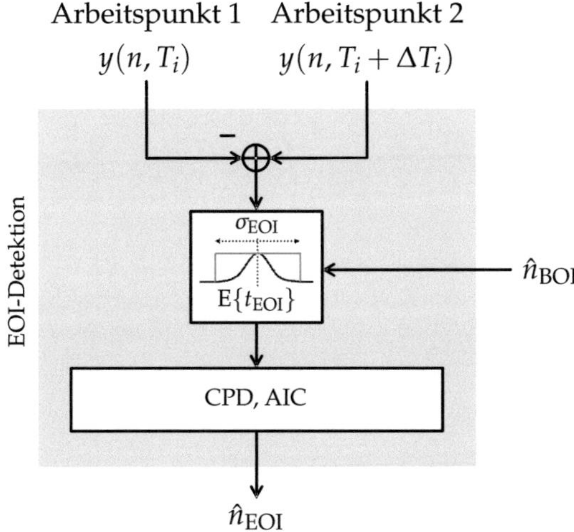

Abbildung 6.19 Verarbeitungsschritte bei der Schätzung des Zeitpunkts des Einspritzendes durch Vergleich zweier verschiedener Arbeitspunkte (T_i, p) und $(T_i + \Delta T_i, p)$

Differenzsignal

$$\Delta y = y(t, T_i + \Delta T_i) - y(t, T_i), \quad \text{mit} \quad \Delta T_i > 0, \tag{6.93}$$

bei dem zwei Klopfsensormessungen zu unterschiedlichen Ansteuerdauern voneinander abgezogen werden. Die diesem Vorgehen zugrunde liegenden Annahmen werden anhand von Abbildung 6.20 erläutert. Das Körperschallsignal ist in dieser Darstellung um die Laufzeit $T_{\mathrm{ks}} = 20\,\mu\mathrm{s}$ kompensiert. Das Diagramm zeigt zwei Klopfsensormessungen desselben Injektors zusammen mit den entsprechenden Nadelbewegungen und Injektorströmen in zwei Arbeitspunkten:

- Messung 1 mit $T_i = 0{,}28\,\mathrm{ms}$, $p = 10\,\mathrm{MPa}$,

- Messung 2 mit $T_i + \Delta T_i = 0{,}2825\,\mathrm{ms}$ und $p = 10\,\mathrm{MPa}$.

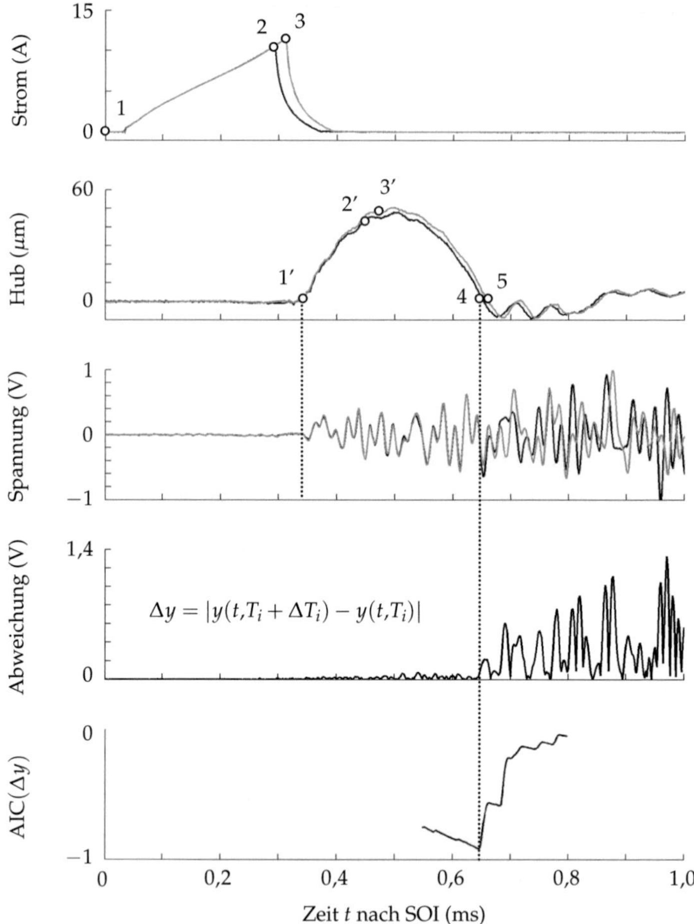

Abbildung 6.20 Ansatz zur Schätzung $\hat{n}_{\mathrm{EOI}}$: Klopfsensormessung mit $T_i = 0{,}28\,\mathrm{ms}$ und $p = 10\,\mathrm{MPa}$ (schwarz) und Vergleichsmessung mit $T_i = 0{,}2825\,\mathrm{ms}$ (grau) und $p = 10\,\mathrm{MPa}$

Die Messungen wurden nacheinander aufgenommen. Die einzelnen Zeitpunkte werden nun Schritt für Schritt betrachtet:

1. Der Ansteuerbeginn entspricht in beiden Fällen dem Zeitpunkt $t = 0$. Nach der Anzugsdauer T_{an} beginnt die Kraftstoffeinsprit-

zung. Da die Injektorströme $I(t, T_i)$ und $I(t, T_i + \Delta T_i)$ identisch ansteigen, ist auch der Auftrittszeitpunkt t_{BOI} in beiden Fällen gleich.

2. Zum Zeitpunkt $t = t_{\mathrm{SOI}} + T_i$ wird im Falle der ersten Messung die Injektorspannung zurückgesetzt. Die Injektorströme $I(t, T_i)$ und $I(t, T_i + \Delta T_i)$ sind zwischen Punkt 1 und Punkt 2 deckungsgleich. Das bedeutet, dass in diesem Zeitintervall die Magnetisierungen des Magnetkerns und des Ankers jeweils identisch sind. Somit stimmen auch die Nadelbewegungen $h(t, T_i)$ und $h(t, T_i + \Delta T_i)$ bis zum Zeitpunkt 2' überein. Folglich sind in diesem Intervall die Verläufe $y(t, T_i)$ und $y(t, T_i + \Delta T_i)$ identisch.

3. Zum Zeitpunkt $t = t_{\mathrm{SOI}} + T_i + \Delta T_i$ wird die Injektorspannung bei der zweiten Messung zurückgesetzt. Ab Zeitpunkt 3' beginnt die Nadel zu fallen. Das Fallen der Nadel verursacht keine erheblichen Körperschallemissionen. Aus diesem Grund bleiben die Körperschallsignale $y(t, T_i)$ und $y(t, T_i + \Delta T_i)$ auch nach Punkt 3' deckungsgleich.

4. Die Injektornadel trifft auf die Injektordüse (Punkt 4). Dieser Zeitpunkt entspricht dem gesuchten Einspritzende von Messung 1. Aufgrund der um ΔT_i längeren Ansteuerdauer im Falle der zweiten Messung tritt dieses Ereignis im Körperschallsignal $y(t, T_i + \Delta T_i)$ erst später ein (Punkt 5). Die Körperschallsignale unterscheiden sich daher ab dem Zeitpunkt t_{EOI}.

Durch die Differenzbildung Δy dieser beiden Körperschallmessungen lässt sich der Zeitpunkt des Einspritzendes finden. Mit Hilfe der in Abschnitt 6.1 vorgestellten Methoden erfolgt die Detektion gemäß

$$\hat{n}_{\mathrm{EOI}} = \arg \min_{n} \left\{ \mathrm{AIC}(\Delta y) \right\} . \tag{6.94}$$

Den Einsatz dieser Methode im realen Motorbetrieb demonstrieren die Abbildungen 6.21 und 6.22. Geschätzt wird jeweils die tatsächliche Öffnungsdauer für einen Arbeitspunkt im Teilhub- und im Vollhub-Bereich. Die Wahl von ΔT_i hängt direkt von der Steigung der Injektorkennlinie im betrachteten Arbeitspunkt ab. Da im Teilhub-Bereich die Steigung der Injektorkennlinie steiler ist als im Vollhub-Bereich, wird hier ein kleinerer Wert für ΔT_i gewählt. Das Auseinanderlaufen der beiden Klopfsensormessungen $y(t)$ und $y(t, T_i)$ ist in beiden Fällen eindeutig erkennbar. Die Bestimmung des AIC aus dem Differenzsignal ergibt eine eindeutige Schätzung des Auftrittszeitpunkts $\hat{t}_{\mathrm{EOI}}$.

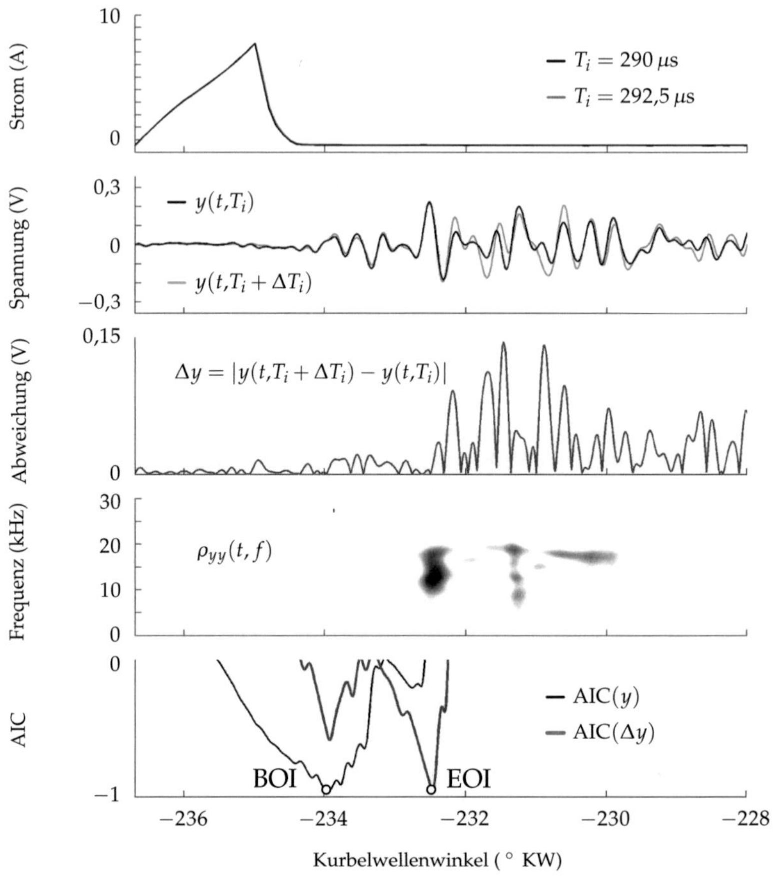

Abbildung 6.21 Schätzung von $\hat{n}_\mathrm{BOI}$ und $\hat{n}_\mathrm{EOI}$ im Motorlauf für $T_i = 0{,}29\,$ms bei $p = 10\,$MPa

6.4.3 Vergleich mit Signalmuster

Aus der Schallanalyse in Kapitel 4 konnte man schließen, dass sich die gesamte Körperschallemission des Einspritzvorgangs als Superposition aus den Schallemissionen der Einzelereignisse BOI, EPL und EOI zusammensetzt. Aufgrund des systematischen Signalverlaufs der Körperschallmessungen wurde in Abschnitt 4.4.2 eine Signalmodellierung durchge-

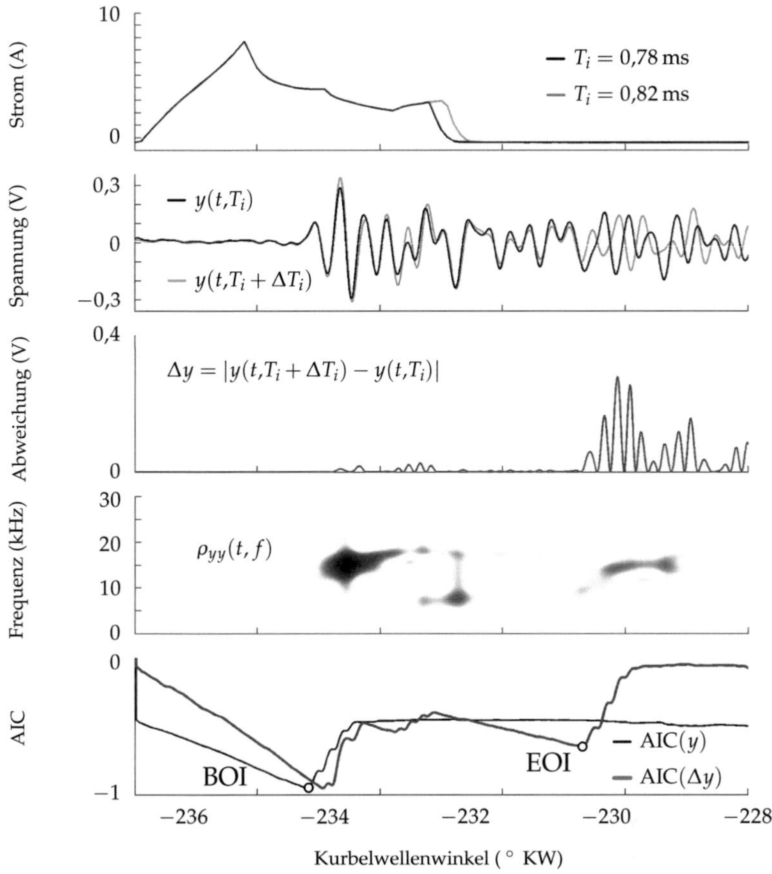

Abbildung 6.22 Schätzung von $\hat{n}_{\text{BOI}}$ und $\hat{n}_{\text{EOI}}$ im Motorlauf für $T_i = 0{,}78\,\text{ms}$ bei $p = 10\,\text{MPa}$

führt. Dieses Signalmodell ermöglicht eine Öffnungsdauerschätzung auf Basis der Signalmuster $\Phi_{\text{BOI}}(n)$, $\Phi_{\text{BPL}}(n)$ und $\Phi_{\text{EOI}}(n)$. Die Anwendung des Signalmusters $\Phi_{\text{BOI}}(n)$ bzw. $\Phi_{\text{BPL}}(n)$ zur Detektion des Einspritzbeginns wurde bereits in diesem Kapitel demonstriert. Abbildung 6.23 veranschaulicht nun, wie das Einspritzende ermittelt werden kann. Analog zu Abschnitt 6.3.3 erfolgt zunächst die Schätzung von $\hat{n}_{\text{BOI}}$ durch Maxi-

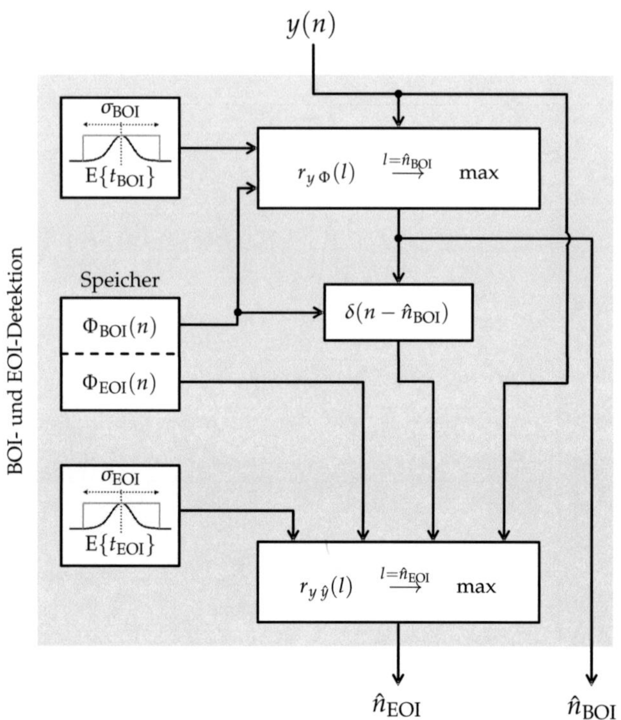

Abbildung 6.23 Verarbeitungsschritte bei der Schätzung des Zeitpunkts des Einspritzendes durch Vergleich der Klopfsensormessung $y(n)$ mit den Signalmustern $\Phi_{\mathrm{BOI}}(n)$ bzw. $\Phi_{\mathrm{BPL}}(n)$ und $\Phi_{\mathrm{EOI}}(n)$

mierung von

$$r_{y\,\Phi}(l) = \sum_{n=0}^{N-1} y(n) \cdot \Phi_{\mathrm{BOI}}(n-l) \quad \overset{l=\hat{n}_{\mathrm{BOI}}}{\longrightarrow} \quad \mathrm{max} \quad \mathrm{mit} \quad l \in [l_1, l_2].$$

$$(6.95)$$

Im Falle eines Vollhubs wird $\Phi_{\mathrm{BOI}}(n)$ durch $\Phi_{\mathrm{BPL}}(n)$ ersetzt. Zur Auswertung des Ausdrucks aus Gl. (6.95) empfiehlt sich die Anwendung des Tristate-Korrelators aus Abbildung 6.6. Die diskrete Zeitverschiebung l wird innerhalb der Grenzen l_1 und l_2, welche durch das BOI-Suchfenster definiert sind, variiert.

Aufgrund des Superpositionsprinzips erfolgt die Detektion von $\hat{n}_{\mathrm{EOI}}$

nicht durch den direkten Vergleich von $y(n)$ mit $\Phi_{\mathrm{EOI}}(n)$, sondern durch den Vergleich mit dem synthetisierten Körperschallsignal nach Gl. (4.7) im Falle eines Vollhubs bzw. Gl. (4.8) im Teilhub-Bereich:

$$\hat{y}(n) = \begin{cases} \Phi_{\mathrm{BPL}}(n - \hat{n}_{\mathrm{BOI}}) + \Phi_{\mathrm{EOI}}(n - l) & \text{für} \quad T_i > T_{i,1} \\ \Phi_{\mathrm{BOI}}(n - \hat{n}_{\mathrm{BOI}}) + \Phi_{\mathrm{EOI}}(n - l) & \text{für} \quad T_i \leq T_{i,1} \end{cases} \qquad . \qquad (6.96)$$

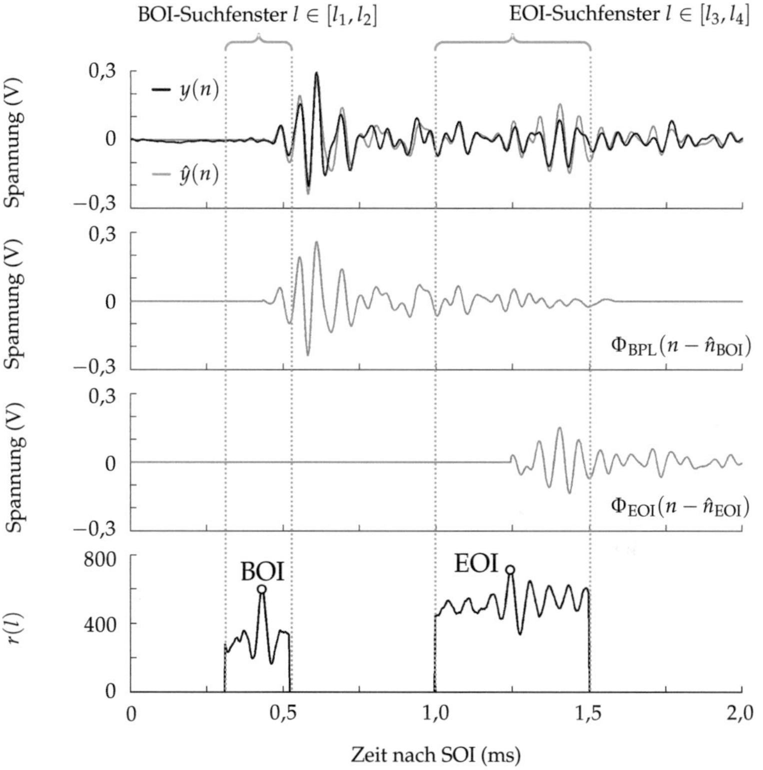

Abbildung 6.24   EOI-Detektion anhand Signalmuster

Somit lässt sich $\hat{n}_{\mathrm{EOI}}$ durch

$$r_{y\hat{y}}(l) \quad \overset{l=\hat{n}_{\mathrm{EOI}}}{\longrightarrow} \quad \max \quad , \, l \in [l_3, l_4] \qquad (6.97)$$

mit der diskreten Zeitverschiebung l, welche innerhalb der durch das EOI-Suchfenster definierten Grenzen l_3 und l_4 verändert wird, bestimmen.

Die Anwendung dieses Verfahrens zeigt Abbildung 6.24. Zu sehen ist eine Messung von Klopfsensor A bei einer Haupteinspritzung für $T_i = 0{,}82\,\text{ms}$ in Zylinder 2. Die Signalmuster wurden zuvor aus einer Klopfsensormessung zu einer längeren Ansteuerdauer extrahiert. Das synthetisierte Klopfsensorsignal

$$\hat{y}(n) = \Phi_{\text{BPL}}(n - \hat{n}_{\text{BOI}}) + \Phi_{\text{EOI}}(n - \hat{n}_{\text{EOI}}) \tag{6.98}$$

ist zum Vergleich im selben Graphen eingezeichnet. Die Verläufe der Kreuzkorrelationsfolgen sind im unteren Diagramm zu sehen. Es fällt auf, dass die Kreuzkorrelationsfolge $r_{y\,\hat{y}}(l)$ einen periodischen Verlauf aufweist. Die Periodendauer entspricht derjenigen der Prellfrequenz f_p. Es kann daher vorkommen, dass die Schätzung des Einspritzendes $\hat{n}_{\text{EOI}}$ auf ein Nebenmaximum und nicht auf das globale Maximum von $r_{y\,\hat{y}}(l)$ fällt. Durch eine präzise Wahl des EOI-Suchfensters kann dies jedoch vermieden werden.

7 Ergebnisse

Nachdem im letzten Kapitel verschiedene Methoden zur Detektion der Auftrittszeitpunkte des Einspritzbeginns und des Einspritzendes im aufgezeichneten Körperschallsignal vorgestellt und deren Funktionalität an Beispielmessungen demonstriert wurde, werden diese nun nach verschiedenen Kriterien evaluiert. Die entwickelten Verfahren werden für verschiedene Arbeitspunkte (T_i, p) an den vorgestellten Prüfständen und im realen Motorbetrieb getestet. Das Ziel stellt die Schätzung der Kennlinie (T_o, T_i) dar, um zu prüfen, mit welcher Genauigkeit sich die Öffnungsdauer in den einzelnen Arbeitspunkten ermitteln lässt. Im Fokus der Auswertungen stehen dabei

- die Genauigkeit der Öffnungsdauerschätzung $\hat{T}_o$ bzw. der relative Fehler

$$F_{\mathrm{rel,o}} = \frac{|T_o - \hat{T}_o|}{T_o},\tag{7.1}$$

- die Anzahl M der benötigten Körperschallmessungen bzw. der notwendigen Einspritzungen,

- der Implementierungs- und Rechenaufwand der einzelnen Algorithmen.

Die Beurteilung der Genauigkeit der Schätzalgorithmen erfolgt anhand der Klopfsensormessungen $y(t)$ auf dem Zylinderkopf aus Abschnitt 4.3. Nur bei dieser Messdatenreihe liegt eine Referenz in Form des simultan aufgezeichneten Nadelhubs $h(t)$ vor. Im zweiten Abschnitt dieses Kapitels erfolgt die Auswertung der Klopfsensormessungen auf dem Zylinderkurbelgehäuse, welche am Prüfstand aus Abschnitt 5.1.1 aufgezeichnet wurden. Im dritten und letzten Abschnitt werden schließlich die Ergebnisse der Öffnungsdauerschätzung im realen Motorbetrieb präsentiert.

7.1 Zylinderkopf

In diesem Abschnitt werden drei unterschiedliche Algorithmen betrachtet, die aus den im letzten Kapitel vorgestellten Methoden aufgebaut sind. Die Algorithmen werden an der Prüfbank aus Abschnitt 4.3 an einem Grenzlagen-Injektor getestet, wo sich ein Klopfsensor in unmittelbarer Nähe des Magnet-Injektors befindet. Beurteilt wird die Genauigkeit der Schätzalgorithmen anhand des simultan aufgezeichneten Nadelhubs $h(t)$. Die Messunsicherheiten bei der laservibrometrischen Aufnahme von $h(t)$ sind vernachlässigbar. Die Detektionsverfahren für BOI und EOI werden bezüglich der relativen Abweichungen

$$F_{\text{rel,BOI}} = \frac{\left| t_{\text{BOI,ref}} - \hat{t}_{\text{BOI}} \right|}{t_{\text{BOI,ref}}} \tag{7.2}$$

$$F_{\text{rel,EOI}} = \frac{\left| t_{\text{EOI,ref}} - \hat{t}_{\text{EOI}} \right|}{t_{\text{EOI,ref}}} \tag{7.3}$$

bewertet. Hierbei stellen $t_{\text{BOI,ref}}$ und $t_{\text{EOI,ref}}$ die aus den Nadelhubkurven $h(t)$ ermittelten Zeitpunkte des Einspritzbeginns bzw. des Einspritzendes dar, wie sie in Abbildung 3.4 dargestellt sind.

Zur Messdatenaufnahme wurde eine Abtastfrequenz von $f_{\text{a}} = 250\,\text{kHz}$ gewählt. Im Rahmen der Signalvorverarbeitung, welche bei den drei Algorithmen jeweils identisch ist, erfolgt die Signalrekonstruktion analog zu Abschnitt 6.2.3 mit einem Upsampling-Faktor $\alpha = 4$. Auf eine Ausreißerbehandlung wird hier verzichtet, da das Messsignal an der betrachteten Prüfbank nur sehr geringen Störeinflüssen ausgesetzt ist. Das Klopfsensorsignal wird durch eine Tiefpassfilterung auf $f < 30\,\text{kHz}$ begrenzt.

Algorithmus I

Im Falle des ersten Schätzalgorithmus erfolgt die BOI-Detektion anhand der Signalamplitude durch Anwendung des Akaike-Informationskriteriums (AIC). Die EOI-Detektion nutzt den in Abschnitt 6.4.2 vorgestellten Ansatz, der die Körperschallmessung $y(t, T_i)$ mit einer zweiten Messung $y(t, T_i + \Delta T_i)$ vergleicht. Zur Detektion der abrupten Änderung im Differenzsignal

$$\Delta y = y(t, T_i + \Delta T_i) - y(t, T_i)\,, \quad \text{mit} \quad \Delta T_i > 0\,, \tag{7.4}$$

wird ebenfalls das AIC verwendet. Aufgrund der unterschiedlichen Steigung der Injektorkennlinie wird im Teilhub-Bereich $\Delta T_i = 2{,}5\,\mu\text{s}$ und im

Vollhub-Bereich $\Delta T_i = 10\,\mu$s gewählt. Abbildung 7.1 zeigt die Ergebnisse $\hat{t}_{BOI}$ und $\hat{t}_{EOI}$ für verschiedene Ansteuerdauern im Ansteuerintervall $T_i = 0{,}25\,$ms$\ldots 1\,$ms bei $p = 10\,$MPa. Die Körperschalllaufzeit, die in der Darstellung abgezogen wurde, beträgt ungefähr $T_{ks} \approx 20\,\mu$s. Die relati-

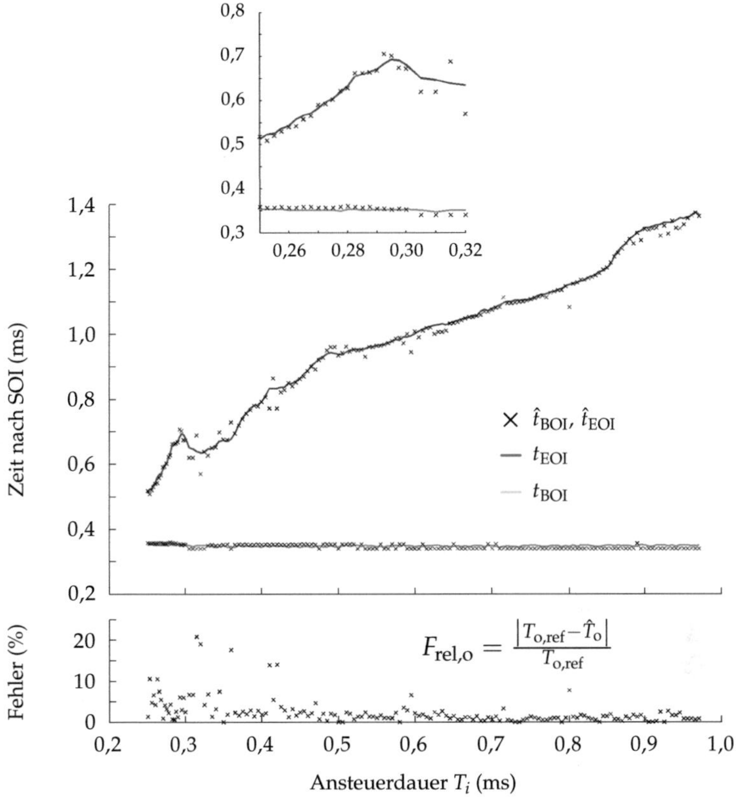

Abbildung 7.1 **Algorithmus I:** Schätzung von t_{BOI} und t_{EOI} aus dem Klopfsensorsignal unmittelbar neben dem Magnet-Injektor bei $p = 10\,$MPa [52]

ve Abweichung $F_{rel,o}$ wurde in jedem der Arbeitspunkte bestimmt und ist ebenfalls in der Abbildung zu sehen. Im unteren Ansteuerbereich des Teilhubs treten aufgrund der geringen Öffnungsdauern hohe relative Abweichungen auf. Im ganzen Ansteuerintervall kommt es vereinzelt zu

Ausreißern, deren Anzahl sich durch eine Nachbearbeitung der Schätzergebnisse reduzieren lässt, indem benachbarte Arbeitspunkte miteinander verglichen werden.

Wie an der Referenzmessung zu erkennen, ist der Einspritzbeginn nahezu unabhängig von der Ansteuerdauer und muss daher nicht in jeden Arbeitspunkt geschätzt werden. Daher wird vorgeschlagen, das BOI-Ereignis für eine größere Ansteuerdauer $T_i \approx 1\,\mathrm{ms}$ zu schätzen und für alle weiteren Arbeitspunkte als konstant anzusehen.

Da das Messsignal an der betrachteten Prüfbank nur sehr geringen Störeinflüssen unterzogen ist, reichen lediglich $M = 5$ Einspritzungen für die Signalvorverarbeitung je Arbeitspunkt aus. Der Aufbau dieses Algorithmus ist sehr einfach und benötigt nur einen geringen Rechen- und Implementierungsaufwand.

Algorithmus II

Der zweite Algorithmus nutzt zur BOI- und EOI-Detektion den Vergleich mit gespeicherten Signalmustern, welche zuvor aus einer langen Einspritzung $(T_i > 1{,}5\,\mathrm{ms})$, wie in Abbildung 4.12 gezeigt, gewonnen werden. Zur Schätzung der Auftrittszeitpunkte $\hat{t}_{\mathrm{BOI}}$ und $\hat{t}_{\mathrm{EOI}}$ wird die Tristate-Korrelation aus Abschnitt 6.1.3 angewandt. Die Schätzergebnisse dieses Algorithmus sind in Abbildung 7.2 zu sehen. Wie im Abschnitt zuvor wurden der Einspritzbeginn und das Einspritzende für die Arbeitspunkte aus dem Ansteuerintervall $T_i = 0{,}25\,\mathrm{ms}\ldots 1\,\mathrm{ms}$ bei $p = 10\,\mathrm{MPa}$ bestimmt. Da sich der Klopfsensor in unmittelbarer Nähe des Magnet-Injektors befindet, werden die Körperschallwellen nur gering gedämpft. Aus diesem Grund funktioniert die BOI-Detektion im gesamten Ansteuerintervall und liefert hervorragende Ergebnisse. Bei der EOI-Detektion sind die systematischen Ausreißer auffällig, die parallel zum eigentlichen EOI-Verlauf liegen. Der Grund dieser Ausreißer liegt in der Periodizität der Kreuzkorrelationsfolge $r_{y\hat{y}}(l)$, $l \in [l_3, l_4]$, welche mit der Prellfrequenz f_{p} korrespondiert. Deshalb kann es vorkommen, dass der „wahre" Zeitpunkt des EOI nicht dem globalen Maximum der Kreuzkorrelationsfolge entspricht, sondern auf ein Nebenmaximum fällt. Abhilfe schafft auch hier der Vergleich mit benachbarten Arbeitspunkten oder ein engeres Intervall $[l_3, l_4]$ für das EOI-Suchfenster.

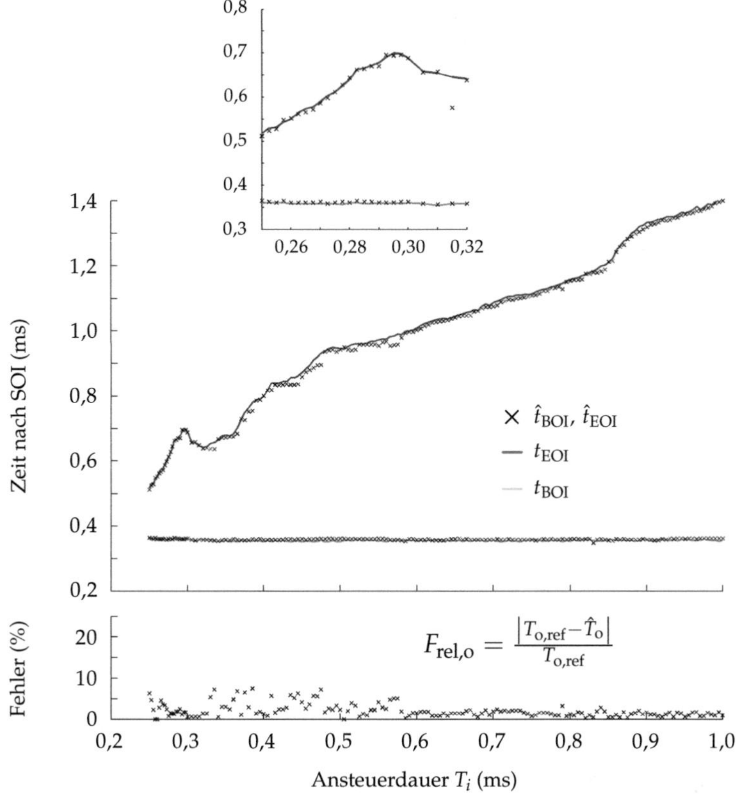

Abbildung 7.2 **Algorithmus II**: Schätzung von t_{BOI} und t_{EOI} aus dem Klopfsensorsignal unmittelbar neben dem Magnet-Injektor bei $p = 10\,\mathrm{MPa}$

Algorithmus III

Der dritte Algorithmus, der im Rahmen dieser Untersuchungen vorge-stellt und bewertet werden soll, nutzt die spektrale Energiedichte $E_y(t)$ im Frequenzband um die Prellfrequenz f_{P}, um den Auftrittszeitpunkt des Einspritzendes zu detektieren. Hierbei findet die Change-Point De-tection gemäß Abschnitt 6.1.2 Anwendung. Die BOI-Detektion erfolgt bezüglich der Signalamplitude ebenfalls nach der Change-Point De-tektion. Abbildung 7.3 zeigt die Schätzergebnisse für die Arbeitspunk-

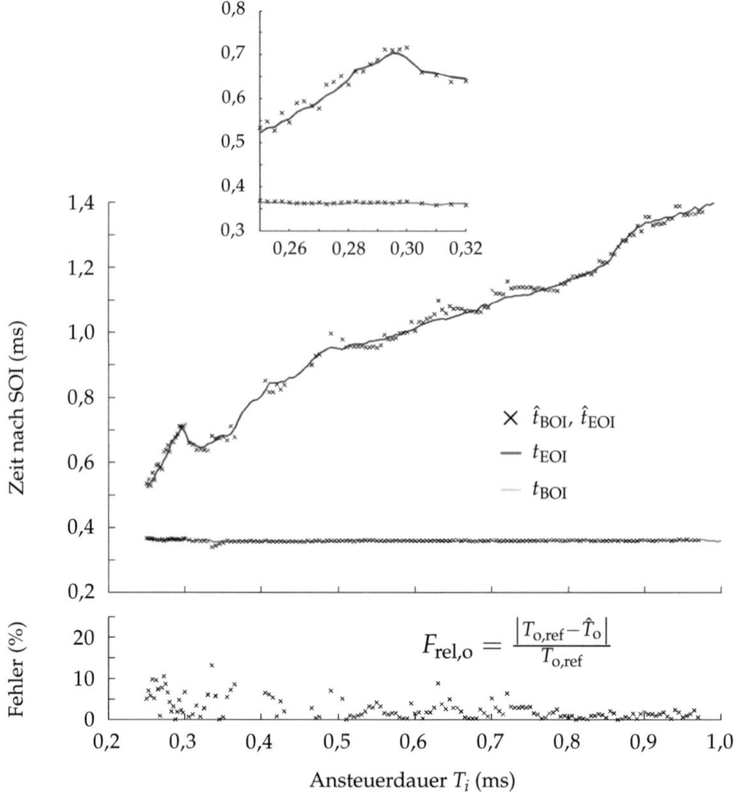

Abbildung 7.3 **Algorithmus III**: Schätzung von t_{BOI} und t_{EOI} aus dem Klopfsensorsignal unmittelbar neben dem Magnet-Injektor bei $p = 10\,\mathrm{MPa}$

te im Ansteuerintervall $T_i = 0{,}25\,\mathrm{ms} \dots 1\,\mathrm{ms}$ bei $p = 10\,\mathrm{MPa}$. Die BOI-Detektion ist äußerst zuverlässig und funktioniert bis auf ein paar wenige Abweichungen. Für das Einspritzende hingegen liefert der Algorithmus nicht für jeden Arbeitspunkt ein Ergebnis. Im unteren Vollhub-Bereich, wo die abklingenden Körperschallwellen des EPL-Ereignisses die des EOI-Ereignisses überdecken, ist keine zuverlässige Schätzung möglich. Dies kann man sich an Abbildung 4.20 verdeutlichen: Das EPL-Ereignis regt Frequenzen leicht oberhalb von f_{P} an. Im Ansteuerbereich

$T_i = 0{,}4\ldots0{,}5\,\mathrm{ms}$ ist die Überlagerung der Signalanteile so hoch, dass das EOI-Ereignis nicht mehr erkennbar ist.

Auswertung und Vergleich

Die Evaluierung der drei Algorithmen zeigt, dass sich die Öffnungsdauer eines Magnet-Injektors im Kleinmengenbereich mit Hilfe eines in unmittelbarer Nähe befindlichen Klopfsensors bestimmen lässt. Mit der gewählten Abtastfrequenz $f_a = 250\,\mathrm{kHz}$ und dem auf $f < 30\,\mathrm{kHz}$ begrenzten Klopfsensorsignal kann dabei eine Genauigkeit der Schätzung von durchschnittlich weniger als 5% erreicht werden. Die Bewertung der Algorithmen erfolgt in Tabelle 7.1 nach den oben genannten Kriterien: Rechenaufwand (RA), Implementierungsaufwand (IA), Genauigkeit (G) und Anzahl der benötigten Einspritzungen (M). Während Algo-

Alg.	RA	IA	G	M
I	+	+	0	−
II	+	+	+	0
III	−	−	−	+

Tabelle 7.1 Bewertung der Algorithmen zur Öffnungsdauerschätzung

rithmus I den geringsten Rechen- und Implementierungsaufwand erfordert, sind aufgrund der benötigten Vergleichsmessung doppelt so viele Einspritzungen für die Öffnungsdauerschätzung in einem einzelnen Arbeitspunkt notwendig wie bei Algorithmus III. Dieser weist jedoch den höchsten Rechen- und Implementierungsaufwand auf. Einen guten Kompromiss stellt die Tristate-Korrelation in Form des Algorithmus II dar. In diesem Fall muss lediglich eine Vergleichsmessung zu einer langen Einspritzdauer verarbeitet und in Form der Signalmuster Φ_{BOI}, Φ_{BPL} und Φ_{EOI} im Speicher abgelegt werden.
Die Güte der Schätzung kann allgemein durch eine höhere Abtastfrequenz erhöht werden. Die Hinzunahme der Sensorresonanz, welche bei der Signalanalyse ein stabiles Verhalten aufwies, führt zu einer weiteren Verbesserung der Schätzung und wird daher vom Autor empfohlen. Durch eine Nachverarbeitung, d. h. ein Vergleich der Schätzergebnisse mit den Ergebnissen benachbarter Arbeitspunkte, können außerdem Fehldetektionen reduziert werden. Die Verwendung des Beschleunigungssensors aus Abschnitt 4.2.2 anstelle des Klopfsensors führte zu

weiteren Verbesserungen. Abgesehen von einem möglichen Einsatz der Algorithmen im Kraftfahrzeug, ist es denkbar, diese zum Vermessen einzelner Injektoren zur Qualitätssicherung nach der Produktion zu verwenden.

7.2 Zylinderkurbelgehäuse

Im Rahmen der Arbeit wurde Algorithmus II am Prüfstand aus Abschnitt 5.1.1 zur automatischen Aufnahme der Injektorkennlinie (T_o, T_i) integriert. In dieser Versuchsanordnung befindet sich der Klopfsensor auf dem Zylinderkurbelgehäuse, wo dieser serienmäßig montiert ist. Betrachtet werden im Folgenden stets Injektor 1 und Klopfsensor A. Mit Hilfe einer automatisierten Kennlinienaufnahme, welche an diesem Prüfstand realisiert wurde, lässt sich das Betriebsverhalten des Magnet-Injektors bei verschiedenen Kraftstoffdrücken p und Normalkräften F_n untersuchen. Abbildung 7.4 zeigt die Kennlinien eines Magnet-Injektors

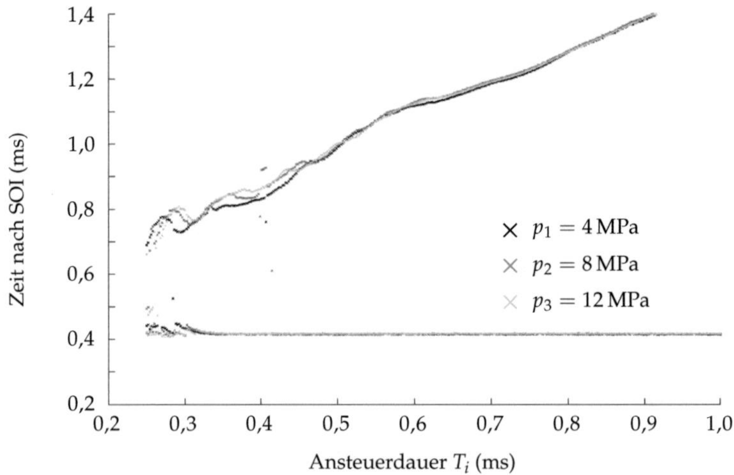

Abbildung 7.4 **Algorithmus II:** Schätzung von t_BOI und t_EOI aus Klopfsensorsignal auf Zylinderkurbelgehäuse für verschiedene Drücke

für drei unterschiedliche Kraftstoffdrücke $p_1 = 4\,\mathrm{MPa}$, $p_2 = 8\,\mathrm{MPa}$ und $p_3 = 12\,\mathrm{MPa}$. Aufgrund der Dämpfung der Übertragungsstrecke des

Körperschalls von Injektor zu Klopfsensor misslingt die BOI-Detektion im unteren Ansteuerbereich für die Kraftstoffdrücke p_1 und p_2. Im übrigen Ansteuerintervall wird der Einspritzbeginn sicher detektiert. Die Schätzung des Einspritzendes erfolgt bis auf wenige Ausreißer durchweg sehr zuverlässig. Die Schätzergebnisse $\hat{t}_{\text{EOI}}$ zu den verschiedenen Kraftstoffdrücken zeigen das erwartete Verhalten: Bei hohen Kraftstoffdrücken hebt sich die Injektornadel langsamer als bei niedrigen Drücken. Dementsprechend tritt der Ankeranschlag (EPL) zeitlich später auf. Für hohe Ansteuerdauern hat der Kraftstoffdruck einen unwesentlichen Einfluss auf die Öffnungsdauer des Injektors.

In Abschnitt 3.3 wurde bereits der Einfluss der Normalkraft F_n erwähnt, mit der der Injektor in den Ventilsitz des Zylinderkopfs gepresst wird. Um die daraus resultierenden Abweichungen zu veranschaulichen, werden die Kennlinien bei verschiedenen Normalkräften $F_{n,1}$ und $F_{n,2}$ aufgezeichnet. Das Ergebnis ist in Abbildung 7.5 dargestellt. Da durch die Kraft

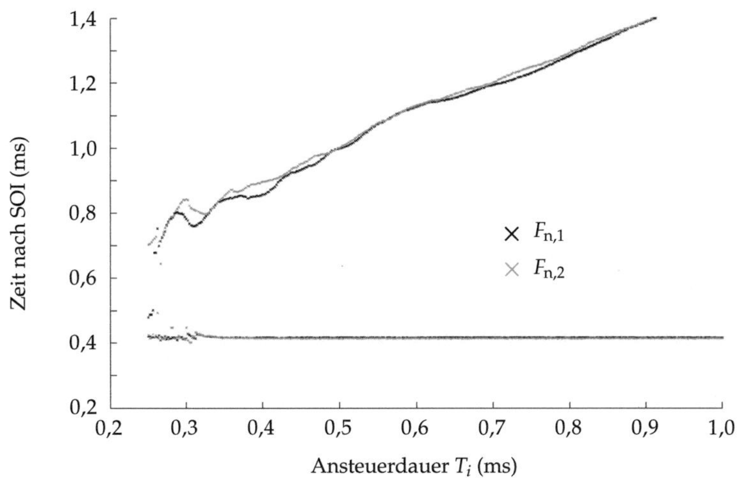

Abbildung 7.5 **Algorithmus II**: Schätzung von t_{BOI} und t_{EOI} aus Klopfsensorsignal auf Zylinderkurbelgehäuse für verschiedene Normalkräfte F_n bei $p = 10\,\text{MPa}$

F_n über die Auflagefläche das Gehäuse des Injektors verspannt wird, hat die Normalkraft Einfluss auf die Ankerbewegung. Vor allem im Ansteuerbereich $T_i < T_{i,\text{hold}} = 0{,}6\,\text{ms}$, in dem der Injektorstrom noch nicht die

Haltephase (vgl. Abschnitt 2.2.2) erreicht und daher noch nicht fest am Magnetkern anliegt, sind die Unterschiede der beiden Kennlinien für $F_{n,1}$ und $F_{n,2}$ am größten. Auch der Zeitpunkt t_{EPL} steht in direktem Zusammenhang mit F_n. Diese Untersuchungen zeigen, dass schon die Montage des Magnet-Injektors auf dem Zylinderkopf dessen Arbeitsverhalten beeinflusst. Folglich ist eine injektorindividuelle Kalibrierungsroutine zum Ausgleich solcher Diskrepanzen wünschenswert.

Wie schon am Ende des letzten Abschnitts soll auch hier nochmals auf die Nutzungsmöglichkeit dieser einfachen und kostengünstigen Methode zur Aufzeichnung der Injektorkennlinie (T_o, T_i) hingewiesen werden. Die in diesem Abschnitt dargestellten Kennlinien wurden über eine Implementierung von Algorithmus II in der Prüfstandssoftware Lab-View™ aufgezeichnet. Die Messdatenaufnahme und -auswertung erfolgten vollautomatisch. Die Ermittlung einer einzelnen Kennlinie im Ansteuerintervall $T_i = 0{,}25\,\text{ms}\ldots 1\,\text{ms}$ mit einer Schrittweite $\Delta T_i = 2\,\mu\text{s}$ und $M = 3$ Einspritzungen pro Arbeitspunkt dauerte lediglich 8 min. Im Vergleich dazu erforderte die laservibrometrische Aufnahme der Kennlinien aus Abbildung 7.1 über fünf Stunden.

7.3 Motorbetrieb

Die Betrachtung des Klopfsensorsignals in Kapitel 5 sowie die beispielhafte Auswertung der Messdaten mit Hilfe der vorgestellten Methoden aus Kapitel 6 zeigten, dass sich die standardmäßig auf dem Zylinderkurbelgehäuse verbauten Klopfsensoren auch im realen Motorbetrieb zur Öffnungsdauerschätzung eignen. Leider liegen im laufenden Motorbetrieb keine Referenzmessungen vor, an denen sich die Verfahren in Analogie zu Abschnitt 7.1 auswerten lassen. Aus diesem Grund kann im Folgenden keine Aussage über die Schätzfehler gemacht werden. Stattdessen erfolgt ein Vergleich der Ergebnisse der drei vorgestellten Algorithmen, um eine Plausibilitätsaussage zu treffen. Bei den Klopfsensormessungen handelt es sich um dieselben, die bereits in Kapitel 5 vorgestellt wurden. Bei einer Drehzahl $n_{\text{mot}} = 1000\,\text{rpm}$ werden die Klopfsensoren A und B jeweils über $M = 10$ Motorzyklen mit $f_a = 60\,\text{kHz}$ ausgelesen. Die Klopfsensorsignale werden jeweils durch einen der Signalaufnahme vorgeschalteten analogen Tiefpass mit der Grenzfrequenz $f_g = 25\,\text{kHz}$ vorgefiltert. Die Signalvorverarbeitung erfolgt aus den $M = 10$ Messungen, wie in Abschnitt 6.2 beschrieben. Die Abbildungen 7.6 und 7.7 zei-

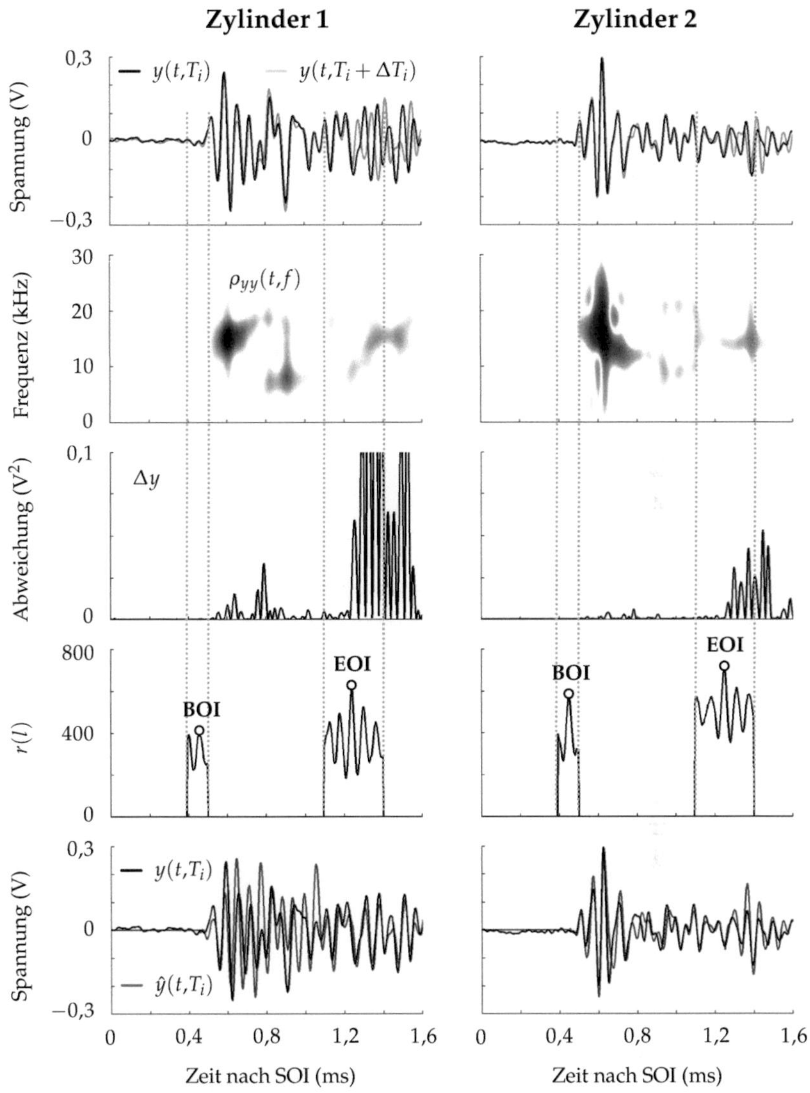

Abbildung 7.6 Klopfsensorsignal A im realen Motorlauf für $T_i = 0{,}78\,\mathrm{ms}$ und $\Delta T_i = 40\,\mu\mathrm{s}$ bei $p = 12\,\mathrm{MPa}$

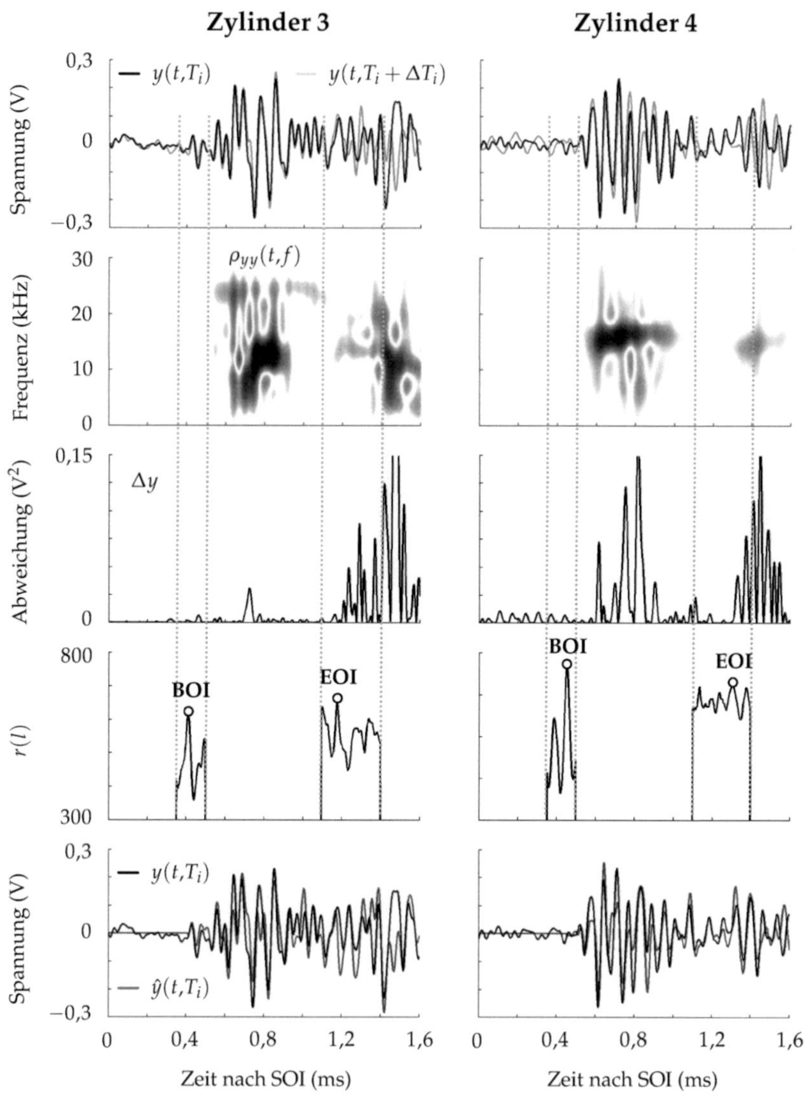

Abbildung 7.7 Klopfsensorsignal B im realen Motorlauf für $T_i = 0{,}78\,\mathrm{ms}$ und $\Delta T_i = 40\,\mu\mathrm{s}$ bei $p = 12\,\mathrm{MPa}$

gen die Auswertungen der Klopfsensorsignale A und B einer Haupteinspritzung im Arbeitspunkt ($T_i = 0{,}78\,\mathrm{ms}$, $p = 12\,\mathrm{MPa}$) für alle vier Zylinder. Während der Einspritzbeginn in allen vier Fällen im Zeitbereich zu erkennen ist, wird bereits bei dieser Ansteuerdauer das Einspritzende von vorangehenden Körperschallwellen überlagert. Die Anwendbarkeit des in Abschnitt 6.4.2 vorgestellten Ansatzes zur Ermittlung des Auftrittszeitpunkts des Einspritzendes zeigt das oberste Diagramm der Abbildungen 7.6 und 7.7. Die in schwarz eingezeichnete Klopfsensormessung im betrachteten Arbeitspunkt wird mit einer Klopfsensormessung in einem zweiten Arbeitspunkt ($T_i + \Delta T_i$, p), in grau dargestellt, verglichen. Das Auseinanderlaufen der beiden Kurven ist für jedes Sensor-Injektor-Paar deutlich zu erkennen. Daraus resultiert der Kurvenverlauf des Differenzsignals

$$\Delta y = |y(t, T_i + \Delta T_i) - y(t, T_i)|^2 \,, \tag{7.5}$$

in dem der Auftrittszeitpunkt des Einspritzendes gut lokalisiert werden kann. Das zweite Diagramm von oben zeigt die Zeit-Frequenz-Darstellung des Klopfsensorsignals. Durch den Ankeranschlag (EPL) treten hohe Signalenergien auf. In allen vier Fällen ist die Prellfrequenz zum Einspritzende deutlich erkennbar. Diese tritt nach dem Auseinanderlaufen der Kurven $y(t, T_i)$ und $y(t, T_i + \Delta T_i)$ auf. Die zwei unteren Graphen veranschaulichen die Anwendung der Korrelation mit den zuvor extrahierten Signalmustern $\Phi_{\mathrm{BPL}}(n)$ und $\Phi_{\mathrm{EOI}}(n)$ nach Gl. (6.95) und Gl. (6.97). Die Kreuzkorrelationsfolgen $r_{y\,\Phi}(l)$, $l \in [l_1, l_2]$ und $r_{y\,\hat{y}}(l)$, $l \in [l_3, l_4]$ zeigen innerhalb der Suchfenster ein eindeutiges Ergebnis. Das entsprechend synthetisierte Klopfsensorsignal

$$\hat{y}(n) = \Phi_{\mathrm{BPL}}(n - \hat{n}_{\mathrm{BOI}}) + \Phi_{\mathrm{EOI}}(n - \hat{n}_{\mathrm{EOI}}) \tag{7.6}$$

ist zusammen mit dem gemessenen Klopfsensorsignal $y(n)$ im untersten Graphen abgebildet. Die beiden Kurvenverläufe sind in hohem Maße ähnlich. Es zeigt sich, dass die verschiedenen Ansätze zur EOI-Detektion jeweils eindeutige Ergebnisse liefern, die nahezu identisch sind.

Die Auswertung der Klopfsensorsignale für einen weiteren Arbeitspunkt ($T_i = 0{,}29\,\mathrm{ms}$, $p = 12\,\mathrm{MPa}$) im Teilhub-Bereich ist in den Abbildungen 7.8 und 7.9 zu sehen. Die vorgeschlagenen Ansätze zur BOI- und EOI-Detektion liefern für alle vier Zylinder eindeutige Ergebnisse. Der Zeitpunkt des Einspritzbeginns wird durch Korrelation mit dem Signalmuster Φ_{BOI} aus Abschnitt 4.4.3 ermittelt. Auch bei diesen Messungen weisen das Differenzsignal Δy und die Energiedichte $E_y(n)$ im Frequenzband um die Prellfrequenz f_{P} hohe Signalenergien zum Zeitpunkt des

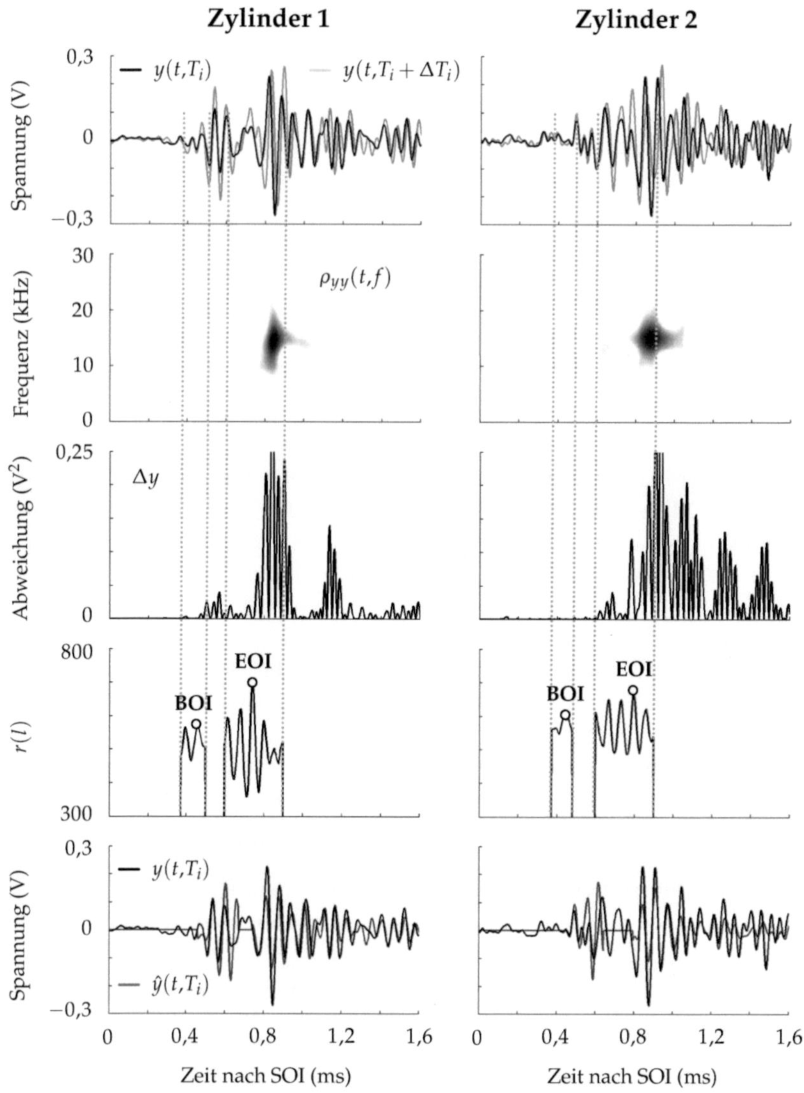

Abbildung 7.8 Klopfsensorsignal A im realen Motorlauf für $T_i = 0{,}29\,\text{ms}$ und $\Delta T_i = 5\,\mu\text{s}$ bei $p = 12\,\text{MPa}$

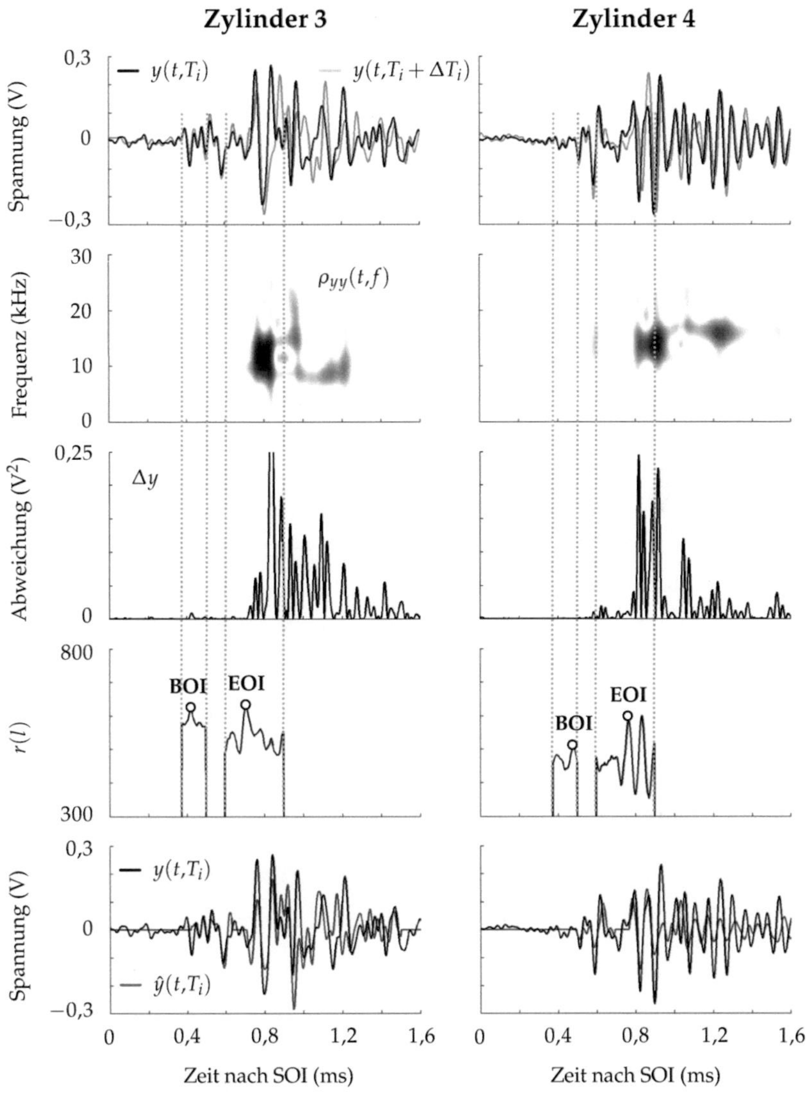

Abbildung 7.9 Klopfsensorsignal B im realen Motorlauf für $T_i = 0{,}29\,\mathrm{ms}$ und $\Delta T_i = 5\,\mu\mathrm{s}$ bei $p = 12\,\mathrm{MPa}$

Einspritzendes auf. Die Anwendung des Signalmusters Φ_{EOI} liefert in diesem Arbeitspunkt ein synthetisiertes Klopfsensorsignal $\hat{y}(n)$, das dem gemessenen Signal $y(n)$ über weite Teile höchst ähnlich ist.

Durch Anwendung von Algorithmus II in Kombination mit der Energiedichte $E_y(n)$ im Frequenzband um die Prellfrequenz f_{P} und dem Differenzsignal Δy zur Lokalisierung des Einspritzendes wurden die Kennlinien der vier Injektoren bei einem konstanten Kraftstoffdruck $p = 12\,\mathrm{MPa}$ ermittelt. Das Ergebnis ist in Abbildung 7.10 zu sehen.

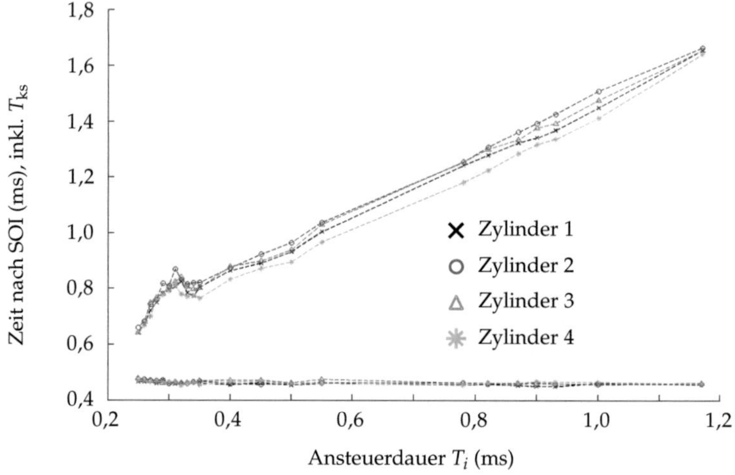

Abbildung 7.10 Schätzung von t_{BOI} und t_{EOI} aus Klopfsensorsignal auf Zylinderkurbelgehäuse im Motorlauf bei $p = 12\,\mathrm{MPa}$

Analog zur Nullmengenkalibration [39], siehe Abschnitt 2.3.4, kann im laufenden Motorbetrieb ein einfacher Injektorabgleich erfolgen, indem die Signalenergie des Klopfsensorsignals im Frequenzband um die Prellfrequenz f_{P} betrachtet wird. Nur im Falle eines Nadelhubs, d. h. einer Kraftstoffeinspritzung, sind im Frequenzband um f_{P} signifikante Signalanteile enthalten. Dadurch lässt sich die Ansteuerdauer $T_{i,1}$ bestimmen, für die gilt:

$$T_i < T_{i,1} \quad \longrightarrow \quad \text{Nadel hebt sich nicht} \quad \longrightarrow \quad \text{keine Einspritzung}$$
$$T_i \geq T_{i,1} \quad \longrightarrow \quad \text{Nadel hebt sich} \quad \longrightarrow \quad \text{Einspritzung}\,.$$

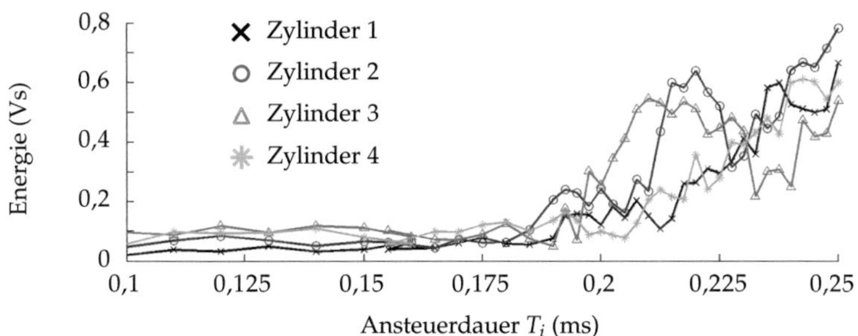

Abbildung 7.11   Energie der Klopfsensorsignale A und B im Frequenzband $14\,\text{kHz} < f < 16\,\text{kHz}$ für jeden Zylinder

Abbildung 7.11 zeigt die Signalenergie

$$E_{y,\mathrm{p}} = \sum_{n=0}^{N-1} \sum_{k=k_1}^{k_2} \rho_{yy}(n,k) \tag{7.7}$$

in Abhängigkeit der Ansteuerdauer T_i für jeden der vier Injektoren. Man kann erkennen, dass sich Injektor 3 bereits bei einer geringeren Ansteuerdauer öffnet als Injektor 1.

Fazit

Die Evaluierung der vorgestellten Verfahren zur Detektion der Auftrittszeitpunkte des Einspritzbeginns und des Einspritzendes verdeutlichte die Vor- und Nachteile der einzelnen Ansätze. Die Genauigkeit der Schätzmethoden wurde mit Hilfe des laservibrometrisch erfassten Nadelhubs bewertet. Dabei lieferte der Korrelationsansatz die besten Ergebnisse. Der einfach aufgebaute und leicht zu implementierende Ansatz der Differenzbildung zweier Klopfsensorsignale zu unterschiedlichen Arbeitspunkten erreichte ebenfalls eine hohe Genauigkeit der Öffnungsdauerschätzung, bei der die Abweichungen überwiegend unter 5% liegen. Die Auswertungen der Messungen auf dem Zylinderkurbelgehäuse zeigten plausible Ergebnisse. Die Anwendung der drei vorgeschlagenen Algorithmen ergaben auch im laufenden Motorbetrieb unabhängig voneinander nahezu identische Ergebnisse. Es ist daher möglich, unter realen Bedingungen die Kennlinien (T_o, T_i) aller Injektoren in einem 4-Zylinder

BDE-Motor mittels der standardmäßig verbauten Klopfsensoren zu ermitteln. Unabhängig davon ist auch der Einsatz einer vollautomatischen Kennlinienaufnahme, wie sie am Prüfstand aus Abschnitt 5.1.1 realisiert wurde, zur Qualitätssicherung der Magnet-Injektoren nach dem Produktionsprozess denkbar. Die Schätzergebnisse können durch einen höherwertigen Beschleunigungssensor, eine höhere Abtastrate $f_a > 1\,\text{MHz}$ und durch Kombination der einzelnen Schätzverfahren verbessert werden.

8 Zusammenfassung

Ziel der Arbeit war es, die Öffnungsdauer eines Magnet-Injektors für die Benzin-Direkteinspritzung anhand des emittierten Körperschalls zu schätzen.

Dazu wurden zunächst der Einspritzvorgang und der Magnet-Injektor an sich untersucht. Im Fokus standen die Ereignisse während der Kraftstoffeinspitzung sowie die von der Injektornadel ausgeführte Hubbewegung, die in direktem Zusammenhang mit den Schallemissionen steht. Die Schallanalyse erfolgte an einem speziellen Prüfstand, an dem der Körperschall simultan zur Nadelbewegung aufgenommen werden konnte. Mit Hilfe dieser Prüfbank ist es möglich, die Körperschallsignale gezielt in den Zeitintervallen um den Einspritzbeginn und dem Einspritzende zu untersuchen. Dabei konnte festgestellt werden, dass die Nadelbewegung und die daraus resultierenden Körperschallemissionen systematische Vorgänge darstellen, was sich anhand der Signaldarstellung im (h, T_i)- und (y, T_i)-Diagramm auf einfache Weise weiter bestätigen lässt. Die klar erkennbaren Verläufe im (y, T_i)-Diagramm können den Ereignissen des Einspritzbeginns, des Ankeranschlags am Magnetkern und des Einspritzendes eindeutig zugeordnet werden. Dadurch ist der Beweis erbracht, dass der emittierte Körperschall auch im Kleinmengenbereich die notwendige Information zur Schätzung der Öffnungsdauer enthält. Bestärkt wird dies durch die Zeit-Frequenz-Analyse des Körperschallsignals. Wie auch im Signal des laservibrometrisch erfassten Nadelhubs, treten im Körperschallsignal dieselben Signalanteile nach dem Einspritzende auf, welche aus dem Prellvorgang der Injektornadel nach Schließen der Düse resultieren. Auf Basis der Gültigkeit des Superpositionsprinzips der Körperschallemissionen erfolgte eine Signalmodellierung, die später für einen Korrelationsansatz zur Öffnungsdauerschätzung herangezogen wurde.

Nachdem in Kapitel 4 gezeigt wurde, dass der Einspritzbeginn und das Einspritzende aus den emittierten Körperschallwellen bestimmt werden können, wurden in Kapitel 5 die Signale der beiden standardmäßig verbauten Klopfsensoren eines 4-Zylinder BDE-Motors vom Typ GM L850 analysiert, um herauszufinden, ob sich diese Sensoren für die Öffnungsdauerschätzung eignen. Die Untersuchungen im unteren Drehzahlbereich zeigten, dass die Körperschallemissionen der Kraftstoffeinspritzungen dominant in den Klopfsensorsignalen enthalten sind. Die Signalanalyse zu den Zeitpunkten der Kraftstoffeinspritzungen ergaben nahezu identische Ergebnisse wie bei den Messungen die zuvor betrachtet wurden. Ein Vergleich von Klopfsensorsignalen zu mehreren identisch angesteuerten Einspritzungen zeigte trotz der Hintergrundstörungen einen stark systematischen Verlauf. Durch die Scharmittelwertbildung über mehrere Motorzyklen lassen sich die Hintergrundstörungen daher deutlich unterdrücken. Aus den Betrachtungen in Kapitel 5 folgte, dass auch im realen Motorbetrieb die Öffnungsdauern der einzelnen Magnet-Injektoren für den betrachteten Motortyp aus den Klopfsensorsignalen ermittelt werden können.

Auf Grundlage der Signalanalyse wurden in Kapitel 6 verschiedene Ansätze zur Schätzung der Öffnungsdauer vorgestellt. Zur Erfüllung dieser Aufgabe sind die Auftrittszeitpunkte des Einspritzbeginns und des Einspritzendes zu ermitteln. Hierzu sind Methoden erforderlich, anhand derer sich abrupte Änderungen in der Signalcharakteristik, wie dem Mittelwert, der Varianz oder der spektralen Energiedichte, zeitlich detektieren lassen. Welche Signalcharakteristika sich für die Detektion des Einspritzbeginns und des Einspritzendes eignen, wurde ebenfalls ausführlich behandelt. Auf diese Weise wurden verschiedene Methoden zur Öffnungsdauerschätzung entwickelt, die daraufhin in Kapitel 7 nach verschiedenen Kriterien evaluiert wurden. Die Genauigkeit in der Öffnungsdauerschätzung der vorgestellten Verfahren wurde anhand der laservibrometrisch erfassten Nadelbewegung bewertet. Dabei konnte über den gesamten Kleinmengenbereich durchschnittlich ein relativer Fehler von weniger als 5% erreicht werden. Im realen Motorbetrieb erzielten die in dieser Arbeit entwickelten Schätzalgorithmen unabhängig voneinander plausible Ergebnisse. Für jeden der vier Magnet-Injektoren konnte die Kennlinie unter realen Bedingungen geschätzt werden.

Aus den Untersuchungen dieser Arbeit kann somit geschlossen werden, dass Magnet-Injektoren für Benzin-Direkteinspritzsysteme mit Hilfe des Körperschalls kalibriert werden können. Zur Umsetzung dieser Aufgabe eignen sich die vorgestellten Schätzverfahren in Kombination mit den auf dem Zylinderkurbelgehäuse befindlichen Klopfsensoren.

A Abkürzungen und Symbole

Allgemeine Abkürzungen

Index	Bedeutung
AIC	Akaike Information Criterion
BOI	Begin of Injection (Einspritzbeginn)
BDE	Benzin-Direkteinspritzung
BJV	Born-Jordan-Verteilung
CPD	Change-Point Detektion
CWV	Choi-Williams-Verteilung
EOI	End of Injection (Einspritzende)
EPL	End of Pintle Lift (Anschlag des Ankers am Magnetkern)
SOI	Start of Injection (Ansteuerbeginn)
STFT	Short-Time Fourier-Transform
WVV	Wigner-Ville-Verteilung
ZFD	Zeit-Frequenz-Darstellung

Verwendete Symbole

Index	Bedeutung	Einheit
A	Düsenquerschnittsfläche	m^2
$A_{yy}(\nu, \tau)$	Auto-Ambiguitätsfunktion von $y(t)$	
$AIC(n)$	Akaike Information Criterion	
c	Schallgeschwindigkeit	m/s
f	Frequenz	Hz
f_a	Abtastfrequenz	Hz
f_P	Prellfrequenz nach EOI	Hz
F_f	Federkraft	N
F_m	Magnetkraft auf Anker	N

Index	Bedeutung	Einheit
F_n	Normalkraft auf Injektor	N
$h(t)$	Nadelhub	m
$I(t, T_i)$	Steuerstrom	A
k	Frequenzindex	
$K(\nu, \tau)$	Kernfunktion für ZFD	
l	Laufindex	
m	Index für Einspritzung	
M	Anzahl der Einspritzungen	
n	Zeitindex	
n_BOI	Auftrittszeitpunkt des BOI	
n_EOI	Auftrittszeitpunkt des EOI	
n_EPL	Auftrittszeitpunkt des EPL	
N	Anzahl der Abtastwerte	
p	Kraftstoffdruck (gesamt)	MPa
p_rail	Kraftstoffdruck in Common-Rail	MPa
q	Einspritzmenge	g/Hub
q_ist	Ist-Einspritzmenge	g/Hub
q_soll	Soll-Einspritzmenge	g/Hub
$r_{yy}(\tau)$	Auto-Korrelationsfunktion von $y(t)$	
$s(t, T_i)$	Steuerimpuls der Länge T_i	V
$S_{yy}(t, f)$	S-Methode auf $y(t)$ angewandt	
$S_{th}^{+},\ S_{th}^{-}$	Schwellwerte	
t	Zeit	s
t_BOI	Auftrittszeitpunkt des BOI	s
t_EOI	Auftrittszeitpunkt des EOI	s
t_EPL	Auftrittszeitpunkt des EPL	s
T_a	Abtastdauer	s
T_an	Anzugsdauer	s
T_i	Ansteuerdauer	s
$T_{i,0}$	Keine Einspritzung für $T_i < T_{i,0}$	s
$T_{i,1}$	Vollhub-Bereich für $T_i > T_{i,1}$	s
T_ks	Körperschalllaufzeit	s
T_o	Öffnungsdauer	s

Index	Bedeutung	Einheit
$T_{\mathrm{o,ref}}$	Referenzmessung (Laservibrometer)	s
$W_{yy}(t, f)$	Wigner-Ville-Verteilung von $y(t)$	
y	Körperschallmessung	V
y_m	Körperschallmessung zur m-ten Einspritzung	V
Y	Körperschallmessungen zu M Einspritzungen	V
α	Upsampling-Faktor	
α	Parameter für ZFD	
β	Parameter zur CPD	
$\gamma(t)$	Analysefenster für STFT	
Φ_{BOI}	Wellenpaket zu BOI	V
Φ_{BPL}	Wellenpaket zu BOI und EPL	V
Φ_{EOI}	Wellenpaket zu EOI	V
Φ_{EPL}	Wellenpaket zu EPL	V
$\rho_{yy}(t, f)$	Angepasste ZFD	
σ_K	Parameter für ZFD	
θ	Parameter für CPD	
Θ_{inj}	Injektortemperatur	K
$\mathcal{F}\{.\}$	Fourier-Transformation	
$\mathcal{H}\{.\}$	Hilbert-Transformation	

B Kenndaten

Klopfsensor

Ein Auszug aus dem Datenblatt des verwendeten Klopfsensors:

Performance	Value
Sensitivity	$30 \pm 6\,\mathrm{mV/g}$
Frequency Range	$25\,\mathrm{kHz}$
Resonant Frequency	$\geq 30\,\mathrm{kHz}$
Nonlinearity	$\leq 10\,\%$

Beschleunigungssensor

Ein Auszug aus dem Datenblatt des verwendeten Beschleunigungssensors:

Performance	Value
Sensitivity ($\pm 10\,\%$)	$10\,\mathrm{mV/g}$
Gain	$1, 10, 100$
Frequency Range ($\pm 5\,\%$)	$1 \ldots 10000\,\mathrm{Hz}$
Frequency Range ($\pm 10\,\%$)	$0.7 \ldots 20000\,\mathrm{Hz}$
Frequency Range ($\pm 3\,\mathrm{dB}$)	$0.35 \ldots 30000\,\mathrm{Hz}$
Resonant Frequency	$\geq 70\,\mathrm{kHz}$
Nonlinearity	$\leq 1\,\%$

Literaturverzeichnis

[1] **Achleitner, E., A. Koch, J. Maier** und **A. Marinai**: *Magnetspulen-Injektoren fur die Benzin-Direkteinspritzung*. MTZ-Motortechnische Zeitschrift, 5:332–339, 2006.

[2] **Bacher, J.**: *Clusteranalyse: Anwendungsorientierte Einführung*. Oldenbourg Wissenschaftsverlag, 1996.

[3] **Backhaus, K.**: *Multivariante Analysemethoden: Eine anwendungsorientierte Einführung*. Springer, Berlin, 9. Auflage, 2000.

[4] **Baranowski, D., M. Brunelli, C. Taudt** und **E. Zander**: *Theoretische und experimentelle Methoden der hydraulischen Auslegung von Common-Rail-Systemen*. H. Tschöke und B. Leyh (Hrsg.): Diesel- und Benzin-Direkteinspritzung, 2:36–57, 2003.

[5] **Basseville, M.** und **I.V. Nikiforov**: *Detection of abrupt changes: theory and application*, Band 10. Prentice-Hall, 1993.

[6] **Basshuysen, R. van** (Herausgeber): *Ottomotor mit Direkteinspritzung : Verfahren, Systeme, Entwicklung, Potenzial*. ATZ-MTZ Fachbuch. Vieweg, Wiesbaden, 1. Auflage, 2007.

[7] **Bauer, H.** (Herausgeber): *Kraftfahrtechnisches Taschenbuch*. Vieweg + Teubner Verlag, 26. Auflage, 2003.

[8] **Bauer, H.** (Herausgeber): *Ottomotor-Management : Systeme und Komponenten*. Kraftfahrzeugtechnik. Vieweg, Stuttgart, 2. Auflage, 2003.

[9] **Baumann, J.**: *Einspritzmengenkorrektur in Common-Rail-Systemen mit Hilfe magnetoelastischer Drucksensoren*. Dissertation, Universität Karlsruhe (TH), 2006.

[10] **Boashash, B.**: *Time frequency signal analysis and processing: a comprehensive reference*. Elsevier Science Ltd, 2003.

[11] **Choi, H.I.** und **W.J. Williams**: *Improved time-frequency representation of multicomponent signals using exponential kernels*. Acoustics, Speech and Signal Processing, IEEE Transactions on, 37(6):862–871, 2002.

[12] **Cremer, L.** und **M. Heckel**: *Körperschall: Physikalische Grundlagen und technische Anwendungen*, Band 2. Springer, Berlin, 1996.

[13] **Czichos, H.** und **M. Hennecke** (Herausgeber): *Hütte - Das Ingenieurwesen*. Springer, Berlin, Heidelberg, 33. Auflage, 2008.

[14] **Glahn, C.J.**: *Benzindirekteinspritzung: Robustheitsuntersuchung durch Simulation der Grossserienstreuung in einem Langzeit-Feldtest.* Dissertation, Universität Duisburg-Essen, 2006.

[15] **Guzzella, L., C. Onder, C. Dönitz, C. Voser** und **I. Vasile**: *Das Downsizing-Boost-Konzept auf Basis der pneumatischen Hybridisierung von Ottomotoren.* MTZ - Motortechnische Zeitschrift, 1:52–58, 2010.

[16] **Halliday, D., R. Resnick** und **J. Walker**: *Physik.* Wiley-VCH, Weinheim, 2. Auflage, 2009.

[17] **Hehle, M., M. Willmann, J. Remele, T. Ziegler** und **G. Schmidt**: *In-Situ-Kalibration - Hochpräzise Kraftstoffeinspritzung für Off-Highway-Motoren.* ATZ offhighway, 04:36–48, 2008.

[18] **Henn, H., G. Sinambari** und **M. Fallen**: *Ingenieurakustik: Grundlagen, Anwendungen, Verfahren*, Band 2. Vieweg, Wiesbaden, 1999.

[19] **Huang, N.E., Z. Wu, S.R. Long, K.C. Arnold, X. Chen** und **K. Blank**: *On instantaneous frequency.* Advances in Adaptive Data Analysis, 1(2):177–229, 2009.

[20] **Isermann, R.**: *Identifikation dynamischer Systeme.* Springer, Berlin, 1988.

[21] **Jondral, F.** und **A. Wiesler**: *Grundlagen der Wahrscheinlichkeitsrechnung und stochastischer Prozesse.* Teubner, 2. Auflage, 2002.

[22] **Kemmler, R., A. Frommelt, T. Kaiser, U. Schaupp, J. Schommers, A. Waltner** und **S. Krämer**: *Thermodynamischer Vergleich ottomotorischer Brennverfahren unter dem Fokus minimalen Kraftstoffverbrauchs.* In: *11. Aachener Kolloquium*, 2002.

[23] **Kiencke, U.** und **R. Eger**: *Messtechnik.* Springer, 2001.

[24] **Kiencke, U.** und **H. Jäkel**: *Signale und Systeme.* Oldenbourg, München, 4. Auflage, 2008.

[25] **Kiencke, U.** und **L. Nielsen**: *Automotive control systems.* Springer, Berlin, 2. Auflage, 2005.

[26] **Kiencke, U., M. Schwarz** und **T. Weickert**: *Signalverarbeitung: Zeit-Frequenz-Analyse und Schätzverfahren.* Oldenbourg, 2008.

[27] **Kitagawa, G.** und **H. Akaike**: *A procedure for the modeling of non-stationary time series.* Annals of the Institute of Statistical Mathematics, 30(1):351–363, 1978.

[28] **Kollmann, F., T. Schösser** und **R. Angert** (Herausgeber): *Praktische Maschinenakustik.* VDI-Buch. Springer, Berlin, Heidelberg, 2006.

[29] **Kurz, J.H., C.U. Grosse** und **H.W. Reinhardt**: *Strategies for reliable automatic onset time picking of acoustic emissions and of ultrasound signals in concrete.* Ultrasonics, 43(7):538–546, 2005.

[30] **Lavielle, M.**: *Optimal segmentation of random processes*. Transactions on Signal Processing, 46(5):1365–1373, 2002.

[31] **Lavielle, M.**: *Using penalized contrasts for the change-point problem*. Signal Processing, 85(8):1501–1510, 2005.

[32] **Lavielle, M.** und **E. Lebarbier**: *An application of MCMC methods for the multiple change-points problem*. Signal Processing, 81(1):39–53, 2001.

[33] **Marple, L.**: *Computing the discrete-time analytic signal via FFT*. Transactions on Signal Processing, 47(9):2600–2603, 1999.

[34] **Masahiko, M., K. Takeuchi, K. Ishizuka** und **S. Sasaki**: *Durchbruch bei Common Rail Systemen: Geregelte Einspritzung durch Injektoren mit integriertem Drucksensor*. 30. Internationales Wiener Motorensymposium, 2009.

[35] **Mastrangelo, G., D. Micelli** und **D. Sacco**: *Extremes Downsizing durch den Zweizylinder-Ottomotor von Fiat*. MTZ - Motortechnische Zeitschrift, 2:88–95, 2011.

[36] **Morita, Y.** und **H. Hamaguchi**: *Automatic detection of onset time of seismic waves and its confidence interval using the autoregressive model fitting*. Zisin, 37:281–293, 1984.

[37] **Pflüger, M.**: *Fahrzeugakustik*. Der Fahrzeugantrieb. Springer-Verlag, Wien, 2010.

[38] **Pol, B. Van der**: *The fundamental principles of frequency modulation*. Journal of the Institution of Electrical Engineers-Part III: Radio and Communication Engineering, 93(23):153–158, 1946.

[39] **Reif, K.**: *Dieselmotor-Management*. Vieweg und Teubner, 2010.

[40] **Rilling, G., P. Flandrin** und **P. Gonçalvès**: *On empirical mode decomposition and its algorithms*. In: *IEEE-EURASIP workshop on nonlinear signal and image processing NSIP-03, Grado (I)*, 2003.

[41] **Schmidt, H.**: *Schalltechnisches Taschenbuch*. VDI Verlag, Düsseldorf, 1976.

[42] **Sleeman, R.** und **T. van Eck**: *Robust automatic P-phase picking: an on-line implementation in the analysis of broadband seismogram recordings*. Physics of the Earth and Planetary Interiors, 113(1-4):265–275, 1999.

[43] **Theobald, J., K. Schintzel, A. Krause** und **U. Dörges**: *Das Einspritzsystem – Schlüsselkomponente für künftige Emissionsziele*. MTZ - Motortechnische Zeitschrift, 4:252–257, 2011.

[44] **Vanbeylen, L.** und **J. Schoukens**: *Comparison of Filter Design Methods to generate Analytic Signals*. In: *Proceedings of IEEE Instrumentation and Measurement Technology Conference (IMTC)*, Seiten 883–887. IEEE, 2006.

[45] **Ville, J.**: *Theorie et applications de la notion de signal analytique*. 1948.

[46] **Waibler, E.** und **G. Schumann**: *Diesel- und Benzindirekteinspritzung*, Band 2, Kapitel Schnelle, berührungslose Nadelhubmessungen an innen öffnenden Einspritzventilen unter hydraulisch realistischen Bedingungen, Seiten 148–159. Expert-Verlag, 2003.

[47] **Wang, J., J. Chen, Q. Liu, S. Li** und **G. Biao**: *Automatic onset phase picking for portable seismic array observation.* Acta Seismologica Sinica, 1, 2006.

[48] **Wiemer, S.**: *Untersuchungen zum Start- und Warmlaufverhalten eines Ottomotors mit Direkteinspritzung.* Dissertation, Universität Karlsruhe (TH), Berlin, 2008.

[49] **Yao, Y.C.**: *Estimating the number of change-points via Schwarz'criterion.* Statistics & Probability Letters, 6(3):181–189, 1988.

[50] **Zülch, S., D. Schöppe, W. Jorach** und **R. Judge**: *Das neue Delphi Common Rail Einspritzsystem für den Einsatz in Medium Duty Dieselmotoren.* In: *15. Aachener Kolloquium Fahrzeug- und Motorentechnik*, 2006.

Eigene Veröffentlichungen

[51] **Christ, K., K. Back, M. Jiqqir, U. Kiencke** und **F. Puente León**: *Calibration of solenoid injectors for gasoline direct injection using the knock sensor.* MTZ worldwide, 4:64–70, 2011.

[52] **Christ, K., K. Back, M. Jiqqir, U. Kiencke** und **F. Puente León**: *Kalibrierung von Magnet-Injektoren für Benzin-Direkteinspritzung mittels Klopfsensor.* MTZ - Motortechnische Zeitschrift, 4:322–328, 2011.

[53] **Christ, K., S. Baricevic** und **U. Kiencke**: *Structure borne noise analysis for estimating fuel injection durations.* In: *2nd IFAC International Conference on Intelligent Control Systems and Signal Processing, Istanbul (Turkey)*, 2009.

[54] **Christ, K., A. Dagdan** und **U. Kiencke**: *Detektion charakteristischer Ereignisse bei der Benzin-Direkteinspritzung.* In: *Gerd Scholl editor, XXIV. Messtechnisches Symposium des Arbeitskreises der Hochschullehrer für Messtechnik e.V. (AHMT), Pages 65-76, Shaker Verlag, Aachen*, 2010.

[55] **Christ, K., U. Kiencke** und **F. Puente León**: *Einsatz des Klopfsensors zur Kalibrierung von Magnet-Injektoren für die Benzin-Direkteinspritzung.* In: *45. Regelungstechnisches Kolloquium, Boppard*, 2011.

[56] **Christ, K., T. Kieweler, E. Serbetci** und **U. Kiencke**: *Wavelet packet analysis of knock sensor signals for diagnosis of the gasoline direct injection process.* Reports on Industrial Information Technology, 12:203–214, 2010.

[57] **Christ, K., M. Michelsburg, K. Back, A. Eidam** und **U. Kiencke**: *Möglichkeiten zur Injektorkalibrierung mit Hilfe von Klopfsensoren bei der Benzin-*

Direkteinspritzung. In: *In Sensoren und Messsysteme 2010, 15. ITG/GMA-Fachtagung, Pages 374-379, VDE Verlag, Berlin,* 2010.

[58] **Walter, A., K. Christ** und **S. Brummund**: *Continuous Estimation of an Imbalance at Rotating Inertias.* Reports on Industrial Information Technology, Shaker Verlag, Aachen, 10:45–54, 2007.

Betreute Diplom- und Studienarbeiten

[59] **Back, K.**: *Analyse von Körperschallsignalen zur Detektion von Einspritzvorgängen mittels Zeit-Frequenz-Verfahren.* Diplomarbeit, Karlsruher Institut für Technologie, 2009.

[60] **Baricevic, S.**: *Anwendung modellbasierter Schätzverfahren zur Analyse von Einspritzvorgängen durch Körperschallmessung.* Diplomarbeit, Karlsruher Institut für Technologie, 2009.

[61] **Bauer, S.**: *State Space Parameter Estimation for Optimizing a Cam Phaser Simulation Model.* externe Studienarbeit (Hitachi America Ltd.), Karlsruher Institut für Technologie, 2010.

[62] **Bromann, R.**: *Grundlagenbetrachtungen zur Analyse des Systemverhaltens eines Hochdruckeinspritzventils mittels Körperschall.* Studienarbeit, Karlsruher Institut für Technologie, 2009.

[63] **Dagdan, A.**: *Bestimmung der Öffnungsdauer eines Benzin-Direkteinspritzventils anhand der emittierten Körperschallwellen.* Studienarbeit, Karlsruher Institut für Technologie, 2010.

[64] **Denoix, G.**: *Topologische Ortung von Schienenfahrzeugen.* externe Diplomarbeit (Institut für Mess- und Regelungstechnik, KIT), Karlsruher Institut für Technologie, 2009.

[65] **Eidam, A.**: *Identifizierung und Analyse der Körperschallausbreitung beim Einspritzvorgang eines Benzin-Direkteinspritzventils.* Diplomarbeit, Karlsruher Institut für Technologie, 2010.

[66] **Foos, J.**: *Automatisierung der Messdatenaufnahme für einen Prüfstand zur Benzin-Direkteinspritzung.* Studienarbeit, Karlsruher Institut für Technologie, 2010.

[67] **Foos, J.**: *Hardware-Implementierung eines Algorithmus zur Kalibrierung von Benzin-Direkteinspritzventilen.* Diplomarbeit, Karlsruher Institut für Technologie, 2011.

[68] **Gravenhorst, F.**: *Design, Implementation and Verification of a Yaw Angular Rate Detection System with Low-Cost Radar Sensors.* externe Studienarbeit (Hitachi America Ltd.), Karlsruher Institut für Technologie, 2009.

[69] **Jiqqir, M.**: *Entwicklung eines Algorithmus zur Schätzung der Einspritzdauer durch Auswertung des Klopfsensors.* Diplomarbeit, Karlsruher Institut für Technologie, 2010.

[70] **Kieweler, T.**: *Analyse und Filterung des Klopfsensorsignals zur Schätzung der Einspritzdauer mittels Zeit-Frequenz-Verfahren.* Diplomarbeit, Karlsruher Institut für Technologie, 2010.

[71] **Michelsburg, M.**: *Analyse von Körperschallsignalen und Schätzung deren Momentanfrequenz zur Charakterisierung der Benzin-Direkteinspritzung.* Diplomarbeit, Karlsruher Institut für Technologie, 2010.

[72] **Probst, T.**: *Modellierung und Frequenzanalyse des Schließvorgangs eines Benzin-Direkt-Einspritzventils.* Studienarbeit, Karlsruher Institut für Technologie, 2011.

[73] **Saldirak, M.**: *Identifizierung und Modellierung eines Hochdruckeinspritzventils.* Studienarbeit, Karlsruher Institut für Technologie, 2009.

[74] **Scacciante, G.**: *Inbetriebnahme und Komponententest eines Motorprüfstands zur Untersuchung des Körperschallverhaltens eines Benzin-Direkteinspritzventils.* Diplomarbeit, Karlsruher Institut für Technologie, 2009.

[75] **Schu, T.**: *Implementierung und Durchführung einer Modalanalyse am Beispiel einer Benzinzuleitung.* Studienarbeit, Karlsruher Institut für Technologie, 2010.

[76] **Selinger, M.**: *Klassifikation von Verkehrssituationen für ein aktives Sicherheitssystem mit einem neuronalen Netz.* externe Diplomarbeit (Adam Opel AG), Karlsruher Institut für Technologie, 2009.

[77] **Serbetci, E.**: *Analyse von Einspritzvorgängen durch Körperschallmessung mittels Wavelet Packets.* Studienarbeit, Karlsruher Institut für Technologie, 2009.

[78] **Serbetci, E.**: *Implementierung und Optimierung eines Algorithmus zur Schätzung der Öffnungsdauer eines Benzin-Direkteinspritzventils.* Diplomarbeit, Karlsruher Institut für Technologie, 2010.

[79] **Stritt, S.**: *Klassifikation von Kreisstrukturen auf Patronenhülsen.* externe Diplomarbeit (Institut für Mess- und Regelungstechnik, KIT), Karlsruher Institut für Technologie, 2008.

[80] **Udelhoven, T.**: *Radar Sensor for Groundspeed Detection.* externe Studienarbeit (Hitachi America Ltd.), Karlsruher Institut für Technologie, 2009.

[81] **Urban, J.**: *Entwurf eines Algorithmus zur Korrektur der Einspritzdauer bei der Benzin-Direkteinspritzung.* Diplomarbeit, Karlsruher Institut für Technologie, 2009.

[82] **Wichterich, T.**: *Analyse des Klopfsensorsignals im realen Motorbetrieb.* Studienarbeit, Karlsruher Institut für Technologie, 2010.

Lebenslauf

Persönliche Daten

Name	Konrad Christ
Geburtsdatum	06.01.1983
Geburtsort	Reutlingen

Schulbildung

1989 - 1993	Grundschule Gammertingen
1993 - 1999	Gymnasium Gammertingen
1999 - 2002	Technisches Gymnasium Sigmaringen

Zivildienst

Jul. 2002 - Apr. 2003	Altenpflegeheim St. Elisabeth, Gammertingen

Studium

Okt. 2003 - Okt. 2008	Studium der Elektrotechnik und Informationstechnik an der Universität Karlsruhe (TH) mit Vertiefungsrichtung „Industrielle Informationssysteme". Abschluss als Dipl.-Ing.

Praktika

Aug. 2003 - Okt. 2003	Siemens AG, Karlsruhe
Apr. 2007 - Okt. 2007	Hitachi America Ltd., Detroit (USA)

Beruflicher Werdegang

Okt. 2008 - Okt. 2011	Wissenschaftlicher Angestellter am Institut für Industrielle Informationstechnik (IIIT) des Karlsruher Instituts für Technologie (KIT)
ab Okt. 2011	Liebherr Machines Bulle S.A., Bulle (CH)